为新手妈妈设计最完美的营养方案

最有效的健康直通车　最关爱女性的家庭必备健康顾问

青 铜◎编著

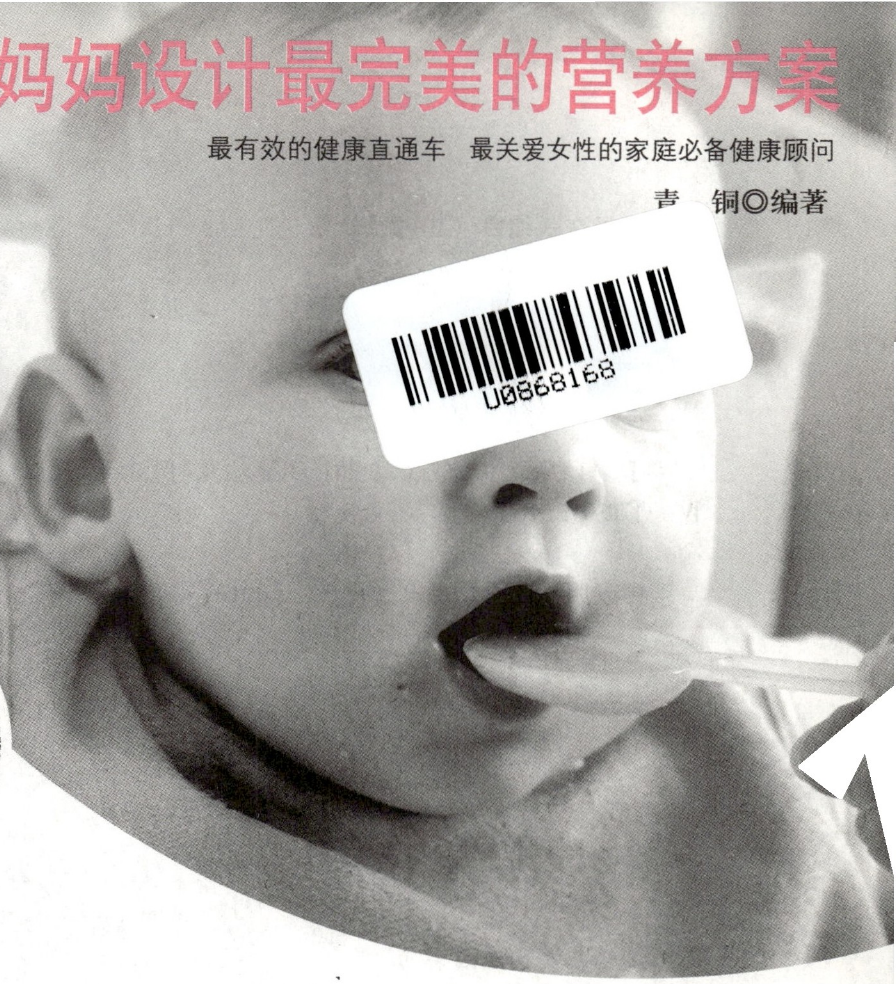

婴幼儿营养食谱

全方位同步营养育儿宝典

母婴健康专家鼎力推荐

中医古籍出版社

图书在版编目(CIP)数据

图解婴幼儿营养食谱 / 青铜编著. -- 北京：中医古籍出版社，2013.5

ISBN 978-7-5152-0379-9

Ⅰ. ①图… Ⅱ. ①青… Ⅲ. ①婴幼儿-保健-食谱 Ⅳ. ①TS972.162

中国版本图书馆CIP数据核字(2013)第084882号

图解婴幼儿营养食谱

青 铜 编著

责任编辑 邓永标
排版制作 腾飞文化
出版发行 中医古籍出版社
社　　址 北京市东直门内南小街16号(100700)
经　　销 全国各地新华书店
印　　刷 北京盛兰兄弟印刷装订有限公司
开　　本 710×1000 1/16
印　　张 17
字　　数 320千字
版　　次 2013年6月第1版 2013年6月第1次印刷
书　　号 ISBN 978-7-5152-0379-9
定　　价 36.00元

前 言

怀孕对于每一位母亲来说是最期待、最渴盼的事情。当她们知道自己怀了小生命的那一刻，便会有一种庄严神圣的感觉。从此，多了一份牵挂，生活中也多了一种希冀。在这美丽动人的历程中，她们会体会到将为人母的喜悦和骄傲。小宝贝出生以后，怎样安排他们的生活，这是每一位将为人母者所迫切知道的。

“十月怀胎，一朝分娩。”每一个生命的到来，都是一个全新的开始。最初的喜悦和憧憬过后，面对那稚嫩的小生命时，应该怎样计划呢？这朵娇嫩的花，无论在阳光中，还是在风雨里，都很容易受伤。在生养、哺育孩子的过程中安全顺利，一切如意是每位父母都希望做到的。父母必须做到科学怀孕、科学分娩、科学喂养、科学护理。只有这样，才能以最佳的方法培养出最聪明、最健康的宝宝。这样，孩子在起跑线上比别人领先一步，也为日后的健康成长打下了坚实的基础。

《图解婴幼儿营养食谱》就是根据婴幼儿不同生长发育阶段的特点，阐述婴幼儿不同阶段所需要的营养素种类以及哪些食物里富含这些营养素。本书根据营养素的配餐源，科学、系统、全面地介绍婴幼儿营养食谱，认真总结了婴幼儿营养调理的方法，以及相关的饮食禁忌，并为父母精心整合了适合婴幼儿营养需要的营养食谱。本书结构简单明了，易于查阅；内容丰富实用，涵盖面广。从新生儿时期到学龄前，是孩子们生命的奠基阶段，这一阶段的饮食营养，其重要性是毋庸置疑的。编者真诚地希望，本书能成为你育儿道路上一个足智多谋的好帮手！

前言

目录

CONTENTS

第一篇

营养合理，宝宝聪明又健康

第一章 婴幼儿的生理特点

第二章 婴幼儿生长必需的营养物质

第二篇 新生儿喂养有妙招

第一章 新生儿的母乳喂养

第二章 新生儿断奶营养食谱

第三篇 1~2岁幼儿的健康厨房

第一章 1~2岁幼儿的喂养

第二章

1～2 岁幼儿营养食谱

第四篇 2~3岁幼儿的饮食搭配

第一章 2~3岁幼儿的喂养

第二章 2~3 岁幼儿的营养食谱

第五篇
婴幼儿疾病调理食谱

第一章
营养性疾病调理食谱

第二章

其他类疾病调理食谱

第一篇

营养合理，宝宝聪明又健康

第一章
婴幼儿的生理特点

婴幼儿是婴儿和幼儿的统称，一般是指 0～3 岁的小龄孩子。婴儿与幼儿之间有莫大的联系，因此在许多的儿童论著、医学论著、儿童早期教育等方面会将它们并起来说，以示方便理解。虽然它们之间有着密切的联系，但如果从孩子发展层面来说还是有两个方面区别，婴儿为 0～1 岁，幼儿为 1～3 岁。

婴儿期的生理特点

刚出生的宝宝，在靠近肚脐处有个小小的凸起，一般在 1 年之内消失。在这之前，宝宝的脐部是很脆弱的，要尽量保持其干燥，并且不要捂盖它，经常观察脐轮周围有没有红肿，或是脓性分泌物等，如有，应及时就医。在宝宝脐带未脱落前，不要给他洗全身浴。可以分步帮他清洗，如先洗头，擦干后再分别洗上身和下身。

婴儿期是宝宝生长发育最旺盛的时期，尤其以出生后 6 个月最为迅速，机体各器官继续发育使各功能趋于完善。出生后 1 年时体重是刚出生时的 3 倍，身长达到出生时的 1.5 倍。在出生后的第 3 个月，脑细胞数目的增加出现第二个高峰，以后逐渐趋于缓慢，可持续到 1 岁半，此后几乎不再增加。脑细胞数目的多少与儿童智力发育水平的高低有密切的关系。因此，如果各种营养素的摄入量不够充分，特别是蛋白质不足，就会严重影响胎儿和婴儿的大脑发育，使儿童的智力发育在一定程度上造成难以弥补的损失。

此期间的婴儿，4~6个月以内主要是纯母乳喂养，6个月以后则是母乳喂养和辅食喂养相结合，且婴儿的辅食逐渐由流质过渡到半固体。

婴儿由于消化道黏膜薄嫩，易于损伤且胃容量又小，胃肠道消化、吸收功能尚未发育成熟，容易营养紊乱和腹泻，因此必须供给适量的营养素。这样有助于预防营养不良、贫血、佝偻病和腹泻的发生。此期小儿机体抵抗力不强，应加强传染病的预防和接种。

>> 温馨提示

确定宝宝的气质是活泼型、安静型，还是一般型，对于宝宝的养育非常必要。奶水不足的母亲不要急于加代乳品，多吃些能下奶的食物，如鲫鱼、鲢鱼、猪蹄、黄花菜、丝瓜、芝麻、酒糟。

幼儿期

幼儿期也是宝宝生长发育非常旺盛的时期，到3岁时的体重是出生时的4倍。由于幼儿的牙齿处于生长过程，故咀嚼功能尚未发育完善。这个时期的幼儿容易发生消化不良、腹泻、呕吐以及某些营养素缺乏病，例如，缺铁性贫血、佝偻病、维生素缺乏等。

此期小儿的食物构成逐渐由半固体过渡到固体，最后到家庭食物，并经历由奶类制品和辅食逐渐替代母乳的过渡时期。在这个时期如不重视营养供应或喂养不合理，往往会导致幼儿体重不增或少增，甚至发生营养不良。为了满足幼儿期生长发育的需要，应增加营养素的摄入量。

>> 妈妈讲堂

小儿喂养就是供给小儿正常生长发育所需要的合理食物。既要给小儿全面、充足的营养，又要适应其年龄特点，以免胃肠道负荷过重，这就需要有科学的喂养方法。这样，才能保证小儿生长发育良好。

宝宝体格发育的特点

宝宝的生长发育虽然是一个连续的过程，但在各个年龄阶段的发育速度是不相同的。一般是年龄越小，增长速度越快。在出生后6个月内增长最迅速，以后逐渐减缓，到2周岁后又以比较恒定的速度稳定增长至青春期。

宝宝不仅在各年龄段的发育速度不同，而且各系统、各器官的发育也不平衡，有快有慢，有先有后，神经系统的发育早又快，而生殖系统发育较慢，直到青春期才有较快的增长。宝宝的生长发育一般遵循由上（头部）而下（身体下部）、由近（身体的中心）而远（四肢）、由粗（如光用手掌拣东西）而细（如用手指拣挖东西）和由低级到高级、由简单到复杂的规律发展。

对宝宝进行体格发育测量，就可以大致知道宝宝从食物中获得的各种营养素是否满足了宝宝的生理需要。体重和身高是两项最重要的指标，体重反映近期的营养状况，而身高则可以反映长期的营养状况。若宝宝身高、体重都在标准范围内，则大体可以说明宝宝营养状况良好。

人体在春夏季节新陈代谢旺盛，血液循环加快，呼吸消化功能加强，内分泌激素分泌增多，尤其是生长激素分泌增多。孩子们在春天和煦阳光下进行跑跳等活动，能够对骨骼进行良性的刺激，骨骼的生长速度加快。父母应该适时地运用这些有利因素促进孩子的生长发育。

临床体检包括头发的光泽、柔软程度，皮肤的弹性及颜色，肌肉的紧张度，牙齿是否整齐、有无龋齿（虫牙），两腿是否变形，食欲好坏以及对外界的反应等。发育良好的小儿头发乌黑、有光泽、柔软，头皮清洁、无结节、不粗糙、有弹性，嘴唇红润、舌鲜红而无舌苔、味觉反应灵敏，牙齿整齐无龋齿，肌肉发育结实而有张力，两腿直、姿态良好，食欲好，吸吮能力强，消化好，大小便正常，对外界反应灵敏，白天活泼敏捷，动作稳健，不易累，晚上睡眠好。

>> 温馨提示

有的宝宝呼吸时会发出呼哧呼哧的声音，这可能是因为宝宝盖的毯子、穿的衣物上脱落的棉绒，及过多的空气中的灰尘，阻塞了宝宝的鼻腔和上呼吸道，你可以试着用小棉签蘸点儿婴儿油，帮宝宝把鼻腔中的污物清除，但动作一定要轻柔，小心地扶住宝宝，不要让他晃动。

发育不正常的小儿头发干枯无光泽、秃发，皮肤干燥苍白、脱屑、粗糙、无弹性，多汗，眼、嘴等黏膜缺少血色，有舌苔，出牙晚、牙齿不整齐、易患龋齿、牙龈红肿，肌肉松弛、无张力，胸部平窄、腹部突出，皮下脂肪大量消失、失去弹性并有皱褶，骨骼畸形、胸骨凸出、两腿弯曲、膝外翻或内翻，手足冰冷，头部前囟门封闭迟至 2 ~ 3 岁，食欲差或消失、对食物的耐受性较差、常便秘或腹泻，烦躁不安、好哭且哭声无力、精神不振、睡眠不安、容易生病，生病时往往病情严重且病程较长，容易发生并发症。如果小儿出现这些现象时，就应考虑是否有营养不良或其他原因。

婴幼儿头部的发育特征

头围是反映头部生长发育情况的重要指标。测量头围时应以卷尺取自眉弓上方最凸出处，经头后面最凸起处（枕后隆起处）绕头一周的长度。头部的发育与体重、身高相似，年龄越小，发育越快。刚出生孩子的头围平均是34厘米（32~36厘米），在最初半年内约增加8~10厘米，后半年内增长约3厘米，第2年又增长2厘米，第3年、第4年增长约1.5厘米，5岁时可达50厘米，此后每年，增长约1.5厘米。15岁时可基本接近成人水平，平均为54~58厘米。

>> 婴幼儿护理小常识

怎样给婴儿洗头？

洗头时，大人可坐在小椅子上，用左臂腋下挟着婴儿的身体，手托着婴儿头部，使其面朝上，用右手轻轻给孩子洗头。一般不用肥皂，每周可间隔使用1~2次婴儿洗发液，注意不要让水流到婴儿的眼睛及耳朵里。洗完后可用软的干毛巾轻轻擦干头上的水，用脱脂棉沾干耳朵，及时除去不慎溅入耳朵里的水。

头部形状或长或圆，大多与睡眠姿势有关。因此，要注意经常调换小儿的睡姿，以免造成偏头等现象。

头围与脑发育密切相关，其大小随脑的发育而增长，头围过小提示大脑发育不全及头小畸形，头围增长过于迅速则常提示有脑积水。

婴幼儿胸部发育状况

新生儿的胸部呈圆筒状，前后径与横径相差无几，随着年龄的增长，横径的拉长增快，前后径增长较慢，逐渐形成成人的胸部。胸围是反映肺、胸廓骨骼、肌肉和皮下脂肪发育程度的重要指标。测量胸围时以卷尺沿乳头下缘水平绕胸一周。出生时胸围比头围小1~2厘米，平均为32.4厘米，胸围同体重、身高增长一样，在第一年增长最快，可增加12厘米。小儿生长到15个月时胸围与头围大致相等。以后随年龄增长，胸围

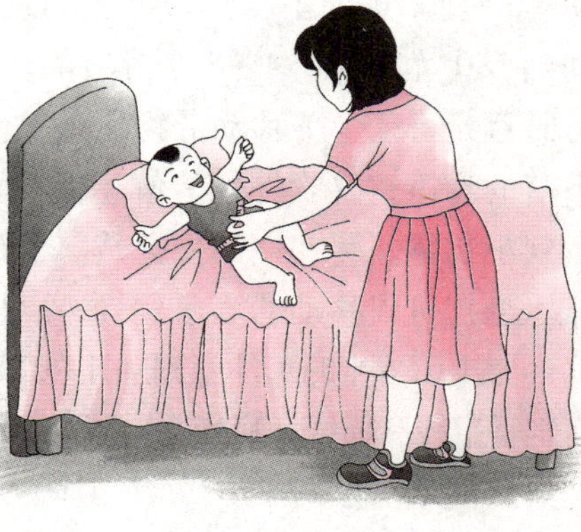

要大于头围。胸围大于头围的时间早晚与小儿营养有密切关系，营养不良的小儿，由于胸部肌肉和脂肪发育差，胸围超过头围的时间较晚。肥胖小儿由于胸部皮下脂肪厚，在3~4个月时胸围就可超过头围。

有些疾病可引起胸部畸形，如佝偻病可形成鸡胸或漏斗胸，有些严重的先天性心脏病可使左侧胸骨隆起。

>> 营养小贴士

许多年轻的父母们总想给自己的孩子吃好一些，吃多一些，往往偏重于高蛋白、高脂肪以及高热量的食品，其实这样不但不能提高孩子的身体素质，还会造成营养过剩、营养不良等后果。如有的孩子患有缺铁性贫血，有的患有缺钙性骨发育异常等。

婴幼儿视力发育状况

宝宝在母体内处于一个黑暗的环境，总是闭着眼睛，刚出生时还不适应外界强烈光线的刺激，出生后第一天总是紧闭着眼睛，出生后的第二天就会慢慢地睁开明亮的大眼睛观察世界，他们喜欢五颜六色的色彩，看东西时距离最好为20厘米。

新生儿出生后眼睛发育还不是很成熟，有一个生理性远视过程，加上大部分新生儿的眼睛运动不协调，常常会出现生理性斜视，这种现象一般在2~4周以后逐渐消失。

宝宝1个月时开始出现头眼的协调动作，眼睛在水平面上可跟随移动着的物体在90°范围内移动，2个月后可协调地注视物体，但3个月前仅能看清距眼睛28~30厘米远的东西。3~4个月时喜欢看自己的小手，头可跟随物体水平地转动到180°范围内；4~5个月时能认识妈妈，看奶瓶可表示高兴的神情；6~7个月时目光可随上下移动的物体垂直方向转动，并可改变体位，协调动作，能看到下落的物体，喜欢红色等鲜艳明亮的颜色；8~9个月时开始出现深度感觉，能看到小物体。婴儿期的视觉是孩子智力发展的重要源泉，故在孩子出生后即可在床上悬挂可以移动的彩色玩具，以促进其智力发育。

宝宝1岁半时可注意到悬挂在3米处远的小玩具，并能区别各种形状；2岁时可区别垂直线和横线，目光跟随落地物体而移动。1岁半到2岁的孩子视力可达0.5。

学龄期（3~7岁）是宝宝视力发育的关键时期，其关键意义在于此期儿童的视觉可塑性非常强。因此，如发现宝宝弱视、斜视及屈光不正等视力异常时，应及时带宝宝到正规医院的眼科就诊，以便能及时矫治，尽快恢复到正常视力。

5 岁时能区别颜色，视力 0.6 ~ 0.7，6 岁以后视力才达到 1.0。所以不妨让孩子看一看视力表，如果发现与正常标准差 2 行，应到眼科进一步检查。

婴幼儿听觉发育状况

胎儿在子宫中就有听觉，并可记忆，他们特别喜欢听妈妈的声音，出生后能辨认出妈妈心脏跳动的节奏和声音。出生后 1 周内因中耳鼓塞内有部分羊水遗留和尚未充气体而妨碍声音的传导，所以听觉不太灵敏。随着两侧耳中的羊水逐渐被吸收，声音更容易被传递，听力的敏感度逐渐提高，尤其是当听到母亲的声音和看到母亲的脸时，宝宝会表现出安逸、高兴的神态，而且会感到很安然、很亲切，这是因为宝宝在母亲妊娠期间听惯了母亲的声音。

宝宝出生后对声音有一定的定向力和分辨力，宝宝能在许多声音中分辨出母亲的声音，表现出高兴的样子，而对父亲的声音的分辨时间会晚一些。

新生儿 2 周后便可集中听力，把头转向声音方向，1 个月时就可辨别声音的细小差别，3 个月时就能转头寻找声源位置，4 个月时就能听到悦耳的笑声，6 个月时对母亲的语言有特殊反应，约 8 个月的时候就能分辨语音的意思，1 岁时就能听懂自己的名字，2 岁时能区别不同高低的声音，听懂简单的语言，3 ~ 4 岁时孩子的听觉发育已比较完善。

婴幼儿味觉嗅觉发育状况

宝宝出生时味觉就已经比较灵敏，对不同味道如甜、酸、苦等已有不同反应，对口味的要求也比较高。当他们吃母乳或吃已经习惯的某种乳品时，会表现出愉快、安详的表情并且吸吮有力，而当给他们更换其他口味（酸、辣、咸、苦等）的液体时，则会表现出不愉快的表情，甚至哭闹。婴儿在 3 ~ 4 个月时对食物的微小变化已很敏感，并能区别愉快与不愉快的气味，为味觉发育关键时刻。4 ~ 5 个月时对味觉反应更加灵敏，能感觉到食物味道的微小变化，所以可有意识地为其添加各种辅食，让孩子逐渐适应，否则在以后增加辅食会有困难或造成偏食。

宝宝刚出生时嗅觉比较差，但出生后几天就会变得灵敏，尤其是对自己母亲的气味分辨能力很高，闻到乳香味就会立即寻找乳头。将两块分别吸有自己母亲和其他母亲奶汁的奶垫放在新生儿头部的两侧时，宝宝会将头转向自己母亲奶汁的奶垫一侧。宝宝还会对刺激性气味产生回避，出现转头的动作。3～4个月时已能区别好闻和难闻的气味，7～8个月时已能分辨出芳香的气味。

婴幼儿牙齿发育状况

牙齿的发育是衡量孩子健康与否的重要指标，它主要反映全身骨骼的发育情况。骨骼发育好者出牙及时，牙齿好；骨骼发育不好者则出牙延迟，牙齿欠佳。牙齿钙化度与牙齿的好坏密切相关，牙齿钙化是一个相当长的过程。乳牙的钙化在胎儿期5～6个月时即已开始，当婴儿出生时所有乳牙均已在牙囊内钙化。

婴儿在出生后4～10个月乳牙开始萌出，一般到1岁时出8颗牙。其顺序为：6个月时出2颗下切牙，9个月时出4颗上切牙，12个月时出2颗下侧切牙。

出牙为生理现象，但个别小儿可有低热、唾液增多、流涎及睡眠不安、烦躁等症状。12个月尚未出牙可视为异常。

宝宝1～1.5岁出第一乳磨牙，1.5～2岁出尖牙，2～2.5岁出第二乳磨牙。20颗乳牙全部出齐不应迟于2～5岁。

2岁内乳牙数可用以下公式计算：乳牙数=月龄－6。

6岁左右的孩子开始换牙，先出第一颗恒牙即第一磨牙，7～8岁后乳牙按照萌出顺序逐个脱落，而代之以恒牙。

婴幼儿脊柱发育状况

脊柱即“脊梁骨”，其增长反映脊椎骨的发育。小儿出生后1岁内脊柱增长最快，以后增长速度落后于身长的增长。出生时小儿的脊柱几乎是直的，仅有轻微的后凸，3个月抬头时出现颈椎前凸，6个月坐时出现胸椎后弯，1岁后能站立行走时出现腰椎前凸。小儿从卧位抬头开始，向坐、站位、行走发展时，随这些弯曲才由韧带固定。所以从孩子出生后就应保护脊柱的发育，按照正常的发

>> 妈妈讲堂

牛奶中蛋白质含量高于人乳2倍，超过了婴儿的需要量，并且牛奶中的蛋白质多是分子量大的酪蛋白，不易被婴儿消化。牛奶中的钙、磷、钠、铁、钾、氯等无机盐的总含量高于人乳3～4倍，对肾功能尚未发育成熟的婴儿特别是新生儿极不适宜，所以鲜牛奶必须调配，使其成分与人乳接近，才适宜喂养婴儿。

育规律训练孩子趴、爬、坐、站、行，否则姿势不正确或早让孩子站立，可影响脊柱发育或造成脊柱畸形。

正常足月儿的发育指标

孩子从出生之日起直到满 28 天为止称为新生儿。正常新生儿的胎龄大于或等于 37 周，体重在 2500 克以上。胎龄未满 37 周而出生的孩子，被称为早产儿，也称为未成熟儿。

若胎龄满 37 周，但体重却不足 2500 克，一般称为足月小宝宝，又称低体重儿。平时说的新生儿一般是指正常足月产的孩子，其发育指标为：体重 2500～4000 克、身长 47～53 厘米、坐高（即头顶至臀长）约 33 厘米、头围 33～34 厘米、胸围约 32 厘米、呼吸每分钟 40～60 次、心率每分钟 140 次左右。

>> 妈妈讲堂

新生儿肋间肌薄弱，胸部运动很小，呼吸主要靠横膈肌的升降活动来完成。由于呼吸运动小，每次呼吸换气也很少，为了满足需要，只能以增加呼吸次数来吸取更多的氧气。正常新生儿呼吸浅而促，每分钟可达 40～60 次，比成人快一倍多。

宝宝的体重增长情况

体重是反映体格发育的一项重要指标，过轻和过重都是不健康的。小儿的体重增加速度与年龄有关。宝宝体重增长的规律是年龄越小，增长速度越快，婴儿出生后 6 个月内呈现第一个增长高峰，以最初 3 个月内生长最快。在出生后 3 个月以内，每月增长 700～800 克，有时每月增长可达 1000 克；4～6 个月时每月增长 500～600 克；6 个月后增长速度减缓，每月增长 300～400 克；1 岁时体重可达出生体重的 3 倍（9 千克）；2 岁时达出生体重的 4 倍（12 千克）。2 岁后体重增长减缓，平均每年增长 2 千克。

根据宝宝体重增加规律，可用下列公式测算宝宝应达到的体重：

1～6 个月小儿体重（克）＝［出生体重（克）+月龄×700］

7～12 个月小儿体重（克）=［6000+月龄×250］

1 岁以后的体重（千克）=［（年龄×2）+7 或 8］

如果宝宝的体重增加过多或过少，除患病因素外，大多是由于护理不周、营养质量不高造成的，应及时纠正。发育迟缓者，还与父母的体质有关。由于生活水平的提高，宝宝营养不良的现象已较为少见，倒是越来越多的肥胖儿应引起父母和社会的重视。

不同胎龄新生儿的外貌特征

不同胎龄的新生儿（早产儿、足月儿和过期产儿）外貌有所不同，我们可以根据新生儿的外貌大体推断其胎龄。

（1）早产儿头较大，占身长的 1/3；前囟宽，骨缝裂开；皮肤嫩薄，胎脂多，几乎整个身体都被胎毛覆盖；软骨发育差，耳郭贴在头骨处；足底的皱纹浅；皮肤松弛，因皮下脂肪少，皮肤皱纹多；指（趾）甲软而薄且未达指端；男婴阴囊小且无皱纹，睾丸常未降达阴囊，仍停留腹股沟中，女婴小阴唇大而厚。

（2）足月儿肤色浅红，胎毛大部分脱落，仅额面部、肩上和骶尾部留有少许；头占身长的 1/4；耳郭软骨发育好，轮廓清楚；指（趾）甲超过指（趾）尖；男婴的睾丸多数已降至阴囊内，女婴的小阴唇相对较大，大阴唇较小，不能遮盖小阴唇，处女膜微凸出，可有少量阴道分泌物。

（3）过期产儿由于过预产期后胎盘便开始退化，氧气和营养无法充分送给胎儿。因此，逾期出生的孩子会营养不足、消瘦，而且皮肤干燥，似小老头状；指（趾）甲长、头发多，常有机警的外表。当然，若胎盘正常，胎儿在宫内发育正常，则新生儿一般较大。

婴幼儿期的特点

婴幼儿期的特点主要表现为：

（1）这时期在小儿一生中体格发育最快，周岁时的体重为出生时的3倍，身长为出生时的1.5倍。

（2）中枢神经系统发育迅速，条件反射不断形成，但由于皮质功能尚未成熟，遇到高热、毒素等不良刺激容易扩散而发生抽风等神经症状。

（3）身体对营养的需求量高，饮食仍以母乳或牛乳为主，可逐渐添加辅助食品，以满足婴儿生长发育的需要。缺乏营养时，易患佝偻病和贫血；喂养不当时，因消化能力弱容易引起呕吐及腹泻。

（4）婴儿在前6个月内，由于从母体获得抗体，故对麻疹、白喉等有一定的免疫能力；6个月后，免疫抗体逐渐消失，感染机会大为增加，应积极开展卡介苗、麻疹减毒活疫苗等预防接种。

出生第1周宝宝的生理特点

从出生到5~6天，宝宝还具有一种神奇的本领——行走反射，从宝宝出生第8天开始，可以利用这一先天能力加以训练，不仅能使宝宝提前学会走路，还能促进大脑发育成熟和智力发展。

如果你是用母乳喂养你的宝宝，这周你可能还没有真正下奶，这很正常，耐心等下去，很快乳汁就会多起来。这周的宝宝基本上仍是吃饱就睡，睡醒就吃，吃奶及大小便次数多且尚无规律。这时的宝宝需要尽可能多的拥抱和抚慰，多抱抱你的宝宝吧。

营养需要

这个阶段的小宝宝已经开始适应新环境，消化吸收能力也变强了，妈妈的乳汁分泌也增多了。宝宝的最佳食品仍是母乳。如果母乳不足或完全没有，就要选择相应阶段的配方奶粉，定时定量地哺喂。配方奶粉中的营养成分与母乳十分接近，基本能满足宝宝的营养需要。

喂养注意

授乳时间过久乳头容易破裂。在奶水充足时，婴儿每次吃一侧的奶就能吃饱，另一侧的乳房就可以休息1次，这样就减少了乳头破裂的机会，单侧授乳的时间不要超过15分钟，喂奶之前可以用药棉浸清洁水擦净乳头。另外，奶嘴上的开口过小，材质的软硬程度不合适等，都能成为混合喂养的宝宝不爱吃牛奶的原因，所以，尽量选用与妈妈的乳头相似的奶嘴是一个办法。对不喜欢橡胶味道的宝宝，可以换成异戊二烯胶或硅胶做成的奶嘴。

新生儿第2周的生理特点

如果你是用母乳喂养你的宝宝，第2周你可能还没有真正下奶，这很正常，耐心等下去，很快乳汁就会多起来。

宝宝的生长情况

第二周，新生儿正在努力的适应这个新的环境，这时你就会发现他们的适应能力是很强的，几乎每天他们都在进步。这时新生儿的四肢运动是不自主的、无意识的条件反射。比如受到较大声音的惊吓时，新生儿的四肢会下意识地向胸前抱拢，这是新生儿所特有的拥抱反射。

营养需要与喂养注意同第1周。

新生儿第3~4周的生理特点

这个阶段的小宝宝消化吸收能力更强，宝宝的最佳食品仍是母乳。母乳量充足与否直接影响婴儿的生长发育。为了增加泌乳量，妈妈要注意自身的营养，生活要有规律。

宝宝的生长情况

与前几周相比宝宝已经有了明显的进步，看起来更加招人喜爱了。满月宝宝的体重，男孩平均为4.9千克，女孩平均为4.6千克；满月宝宝的身长，男孩平均为56.6厘米，女孩平均为55.6厘米。这时的宝宝已初步形成了自己的睡眠、吃奶和排便规律及习惯，有的宝宝夜里已能睡4~6小时，但宝宝之间的差异很

大，有的宝宝夜里还需要妈妈喂 2～3 次奶。特别是母乳喂养的宝宝吃奶间隔时间短，因为母乳比较好消化，所以吃母乳的宝宝大便次数也比吃牛奶的宝宝多，需要妈妈更多的照料。

营养需要

如果母乳确实不足，就要考虑采取配方奶哺喂的办法了。

新生的宝宝，特别是冬季出生的孩子，比较容易缺乏维生素 D。这个阶段就可以开始给宝宝添加鱼肝油，因为鱼肝油中的维生素 A 可促进视觉细胞内感光色素的形成，而维生素 D 则有助于促进人体对钙的吸收。可以尽早预防佝偻病。

喂养注意

喂奶时不要过多过快，用奶瓶喂奶时，奶嘴的开口不宜太大，以避免吞进空气。吃完奶后将宝宝抱起来，头靠在妈妈的肩上，轻轻拍背使其打嗝。之后让宝宝采取右侧卧位，不要过多翻动。在怀孕期间，如果妈妈没有充分服用复合维生素，这个阶段宝宝体内的维生素储备就会较少，应当考虑添加维生素。

>> 温馨提示

如果是纯母乳喂养，不要再加喂糖水或牛奶。否则，一方面会使宝宝习惯于用不费力的奶瓶后，不愿再吃需要费力吮吸的母乳；另一方面宝宝得到满足后，会减少吃母乳的次数，母乳分泌就会相应减少，最后导致母乳不足。

早产儿的生理特点

俗话说，瓜熟蒂落。正常的宝宝应是妈妈怀孕 37 个星期后才生下的。他们在妈妈的肚子里发育基本成熟，各个器官都能够适应独立生存了。如果在妈妈肚子里待的时间不满 37 周（少于 259 天）、体重低于 2500 克、身长小于 46 厘米的婴儿，则为早产儿。

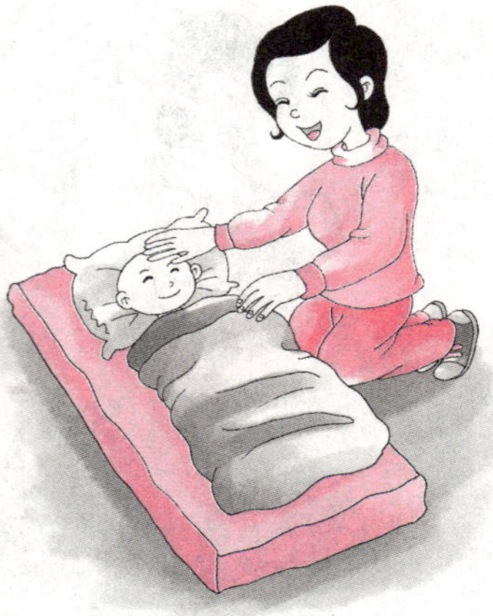

一般早产儿的体重都很轻（500～2500 克），皮肤薄而发亮，哭声较低，呼吸不匀，四肢活动较少，体温较低。

有些婴儿的口舌肌肉太弱，不能吮乳。抚养这些婴儿，除细心喂哺外，尤其必须维持体温和避免感染。早产的宝宝常因中枢神经尚未发育好而导致吸吮、吞咽反射不健全。胃容量很小，胃壁薄弱，胃酸及消化酶的分泌量少，各种酶的功能也没有发育完善。所以乳类中的蛋白质和脂肪的消化吸收比足月新生儿困难，对脂溶性维生素及盐类的吸收也不好。由于肝脏代谢能力不像足月新生儿那样好，胆红素排泄缓慢，导致生理性黄疸延迟，容易呈现高胆红素血症。肝糖原转成血糖的功能低易导致低血糖。血浆蛋白制造能力低下，容易形成水肿并降低机体的免疫力。

早产儿肝脏储铁、骨骼储钙、消化功能以及免疫功能都很不足的。胎龄越小，全身生理功能越弱，越易患贫血、佝偻病和受到各种感染。早产儿体内维生素 E 储备不足，所以早产儿易发生硬化症、硬肿症和贫血。

出生时体重在 1500 克以下的婴儿和不能吮乳者，须留在医院暖箱中保持体温，而且喂养方法也不是家庭中常规方法所能办到的。所以，在这里我们所讲到的早产儿的喂养，是指体重在 1500 克以上，能够自己吃奶的宝宝。

早产儿的饮食原则

1. 热量

早产儿和足月儿的热能分配不同。在生长方面的热能约占总摄入量的 40%，因为原来在胎内迅速增长的时期改为出生后完成，为了使早产儿接近于子宫内的生长速度，就需供给较高的热能。最初的 2～3 天内，每日每千克体重供给 50～60 千卡（209～251 千焦），3～7 日时可给予 70～75 千卡（293～314 千焦）。以后热量逐日增多，达到每日每千克体重供给 120 千卡（502 千焦）时，体重即能增加。如婴儿胃口良好，体温、大便正常，无皮色青紫，无腹胀等现象，可每日每千克体重供给增加至 140～150 千卡（586～628 千焦）。

2. 糖类（碳水化合物）

早产儿的肝糖原储存不足，缺乏胰岛素分泌反应，血糖浓度较足月新生儿低，仅 20～60 毫克，但很少发生临床低血糖症状。对于早产儿来说，单糖和双糖均易被消化吸收，糖是主要供给热能的营养素。各种双糖酶中乳糖酶的产生是最慢的，随着摄入增加，它能很快在数天内产生。

3. 蛋白质

每日每千克体重需要蛋白质量 3～4 克。由于早产儿有些氨基酸代谢酶发育尚未完善，应避免蛋白质摄入过多，以免增加溶质而致水潴留和血浆氨基酸值不正常增高。

4. 脂肪

早产儿对脂肪的消化吸收能力弱，体内储藏脂肪较少，在一个较长时间内主要依赖自己体内脂肪的燃烧。与母乳喂养者相比，牛乳喂养者从粪便中丢失的脂肪更多。

5. 矿物质和维生素

许多矿物质和维生素都是在妊娠最后两三个月时储存在胎儿体内的，而妊娠 7～8 个月时出生的婴儿则储备较少或没有储备。加上早产儿出生后生长很迅速，对上述营养素的需求量比正常婴儿多。所以，早产儿和低体重儿较易发生矿物质和维生素缺乏。应及时予以补充。

>> 营养小贴士

有些婴儿的口舌肌肉太弱，不能吮乳。抚养这些婴儿，除细心喂哺外，尤其必须维持体温和避免感染。早产的宝宝常因中枢神经尚未发育好而导致吸吮、吞咽反射不健全。所以乳类中的蛋白质和脂肪的消化吸收比足月新生儿困难，对脂溶性维生素及盐类的吸收也不好。肝糖原转成血糖的功能低易导致低血糖。血浆蛋白制造能力低下，容易形成水肿并降低机体的免疫力。

4～6 个月宝宝的发育特点

大部分的宝宝在 4 个月的时候脖子就很稳固了。脖子若是稳固表示脑部正在发育，脑神经开始对身体各部分分别下达指令。以往让他摆动右手，左手跟头部就会一齐动作，但现在不同了，他已经可以让左右手分别独立动作。

脖子稳定是站起来走路的第一步。宝宝头部挺立，可以眺望东西后，更可一展其探究心。4～5个月的宝宝几乎已经脱离整日睡觉的时期，他们可以坐在妈妈的膝上自己拿着玩具玩，仰躺时也能滚动身体、伸手拿玩具，有些宝宝会自己翻身，用爬的方式玩耍。到6～7个月，大部分的宝宝都可以自己翻身，用爬行的方式慢慢移动身体，同时逐渐能手脚并用趴着爬行，脚部力量增强时，让他坐在膝上时，他会不断地踢妈妈的膝盖，想要站起来。

到了第4个月，宝宝已经了解声音发出的方向了。4个月后，随着大脑的成长，宝宝对看过的东西多少有点记忆，能够区别妈妈和别人，对妈妈的依恋也越来越强。5～6个月，智能活动变成了一种愉快的游戏。宝宝喜欢将东西丢掉，叫别人捡起来，或不断地按电器开关。宝宝的各种行动在大人眼中虽然好像恶作剧，实际上是出于宝宝对知识探索的一种好奇心。只要没有危险，最好让他自由探索，不要太加以限制。

什么时候给新生宝宝喂奶

假如你正常分娩，宝宝在分娩后警觉而清醒，那么你就可以给宝宝喂奶了。当孩子吮吸你的乳头时，有几种不同的激素共同参与乳汁的产生与释放，你身体的内部会发生下面的变化：

(1) 宝宝的吮吸运动刺激乳头的神经末梢；

(2) 这些神经纤维将泌乳的要求通过脊髓上传到你脑部的垂体腺；

(3) 垂体腺对这些信号的反应是释放催乳素和环状肽催产素；

(4) 催乳素刺激乳房产生更多的乳汁；

(5) 环状肽催产素刺激乳房导管周围的细小肌肉收缩，这种收缩挤压导管并将导管中的乳汁排到乳晕下方的储存池中。

所以宝宝吮吸得越多，妈妈产生的乳汁就越多。

宝宝饭菜的基本原则

（1）少放盐。宝宝不能吃过多的食盐，做菜时要少放盐。如果父母口味都比较重，那正好借此机会减少食盐摄入量。过多摄入食盐，对成人的身体健康同样不利。

（2）少放油。摄入过多油脂会出现脂肪泻，也影响宝宝食欲。过于油腻的菜肴，容易引起宝宝厌食。宝宝喜欢吃味道鲜美、清淡的饮食。

（3）不要太硬。宝宝咀嚼和吞咽功能都还不是很好，如果菜过硬，宝宝会因为咀嚼困难而拒绝吃菜。

（4）菜要碎一些。宝宝咀嚼肌容易疲劳，如果菜肴切得过大，宝宝就需要多咀嚼，很容易疲劳。宝宝口腔容积有限，块大的菜进入口腔会影响口腔运动，不利于咀嚼，宝宝会因此把菜吐出来。

（5）适当调味。宝宝有品尝美味佳肴的能力，但妈妈给宝宝做饭菜多不放调料，我们成人吃起来难以下咽，宝宝也同样会感到难以下咽。给宝宝的饭菜也要适当调味，宝宝喜欢吃有滋有味的饭菜。

（6）给宝宝自己吃饭的自由。这是避免宝宝偏食、厌食的重要方法，宝宝已经有能力自己吃饭了，妈妈就不要代劳了。宝宝已经有选择饭菜的能力，妈妈不要总是干预宝宝该吃什么，不该吃什么。父母有义务为宝宝准备宝宝应该吃的食物，宝宝有权利选择他喜爱吃的食物。“应该吃”与“喜爱吃”能做到基本一致，宝宝饮食就没什么问题了。

（7）品种多样。如果妈妈1周内给宝宝吃的饭菜只有一两种，几乎每天都吃同样的饭菜，这怎么能不让宝宝腻烦呢！1周之内，同样的饭菜，最多只能重复一次。

宝宝饮食安全需注意的问题

食物给幼儿的成长提供了必要的营养，但若在选购食物或制作食物时不当，也可能会给幼儿带来一些疾病或食物中毒等伤害。为幼儿挑选食物时，家长一定要注意如下事项：食物应尽量新鲜，对于一些腐败、变质的食物尤其是水果、蔬菜不要让幼儿吃。一些父母发现水果只有局部的腐烂，觉得扔了可惜，于是便将烂掉的部分剜去，剩余的给幼儿吃，这样做的后果往往适得其反。幼儿因这点水果而患肠道疾病，很不值得。此外，给幼儿的点心一定要注意是否过期、变色、变味，一些含油量较大的点心最好不要给幼儿吃。

一般发芽或发青的土豆都不能给幼儿吃，否则可能引起口干、舌麻、恶心、呕吐、腹泻以及呼吸困难，甚至抽搐等中毒症状。

幼儿不宜吃熟食制品，一般熟食制品中都加入了一定的防腐剂和色素，如火腿肠、袋装烤鸡等，这些食物也易变质腐烂，所以不宜给幼儿吃。一些罐头食品、凉拌菜等，幼儿最好少吃或不吃。幼儿的饭菜应现做现吃，不应吃剩饭剩菜。一般饭菜营养越丰富，细菌越容易繁殖。对没有变味的饭菜也要加热煮透，否则吃了容易拉肚子。

在食物烹制处理上，有些食物需特别注意，如扁豆、四季豆、刀豆均含有对人体有毒的物质，在烹制中要待扁豆熟透，变软、变色，豆腥味都消除之后，才能食用。

总的来说，食物既要做到营养丰富，又要保证卫生安全。

>> 温馨提示

喂养早产儿，以母乳为首选。母乳最适合婴儿的胃口和消化能力。若1~2天内没有母乳，可向母子健康的产妇请求帮助，因用量很少，对于其他产妇的婴儿哺喂不会有影响。如找不到母乳也可寻找母乳替代品，早产儿奶粉应为首选。如用牛乳喂养应谨慎，要减少牛乳中的脂肪含量，增加糖的量，使之成为低脂、高糖、高蛋白质的乳品为宜。也可以选用蒸发乳。蒸发乳的脂肪与蛋白质经过制备时的物理作用，比鲜牛乳更易于消化。

合理搭配宝宝的主食和辅食

我们要给宝宝提供正确的饮食。所谓正确的饮食，主要是指孩子在满1岁以后，在生长发育水平上比较正常，达到了普遍认可的标准，并且显现出健康成长的趋势，在这一前提下，我们才可以说什么是正确的饮食，也就是通过对孩子主食与副食的合理搭配，满足孩子每天所需营养的全面性与丰富性，以有利于孩子健康成长。所以，如何为孩子进行合理的饮食搭配，也就成为孩子的饮食是否正确的关键，而这一点往往为我们所忽

视，以为只要孩子每天吃饱喝足了，就能够正常地生长发育，结果常常是让孩子吃得太多，也就难以避免孩子开始肥胖起来，这与孩子饮食搭配的不合理有关。

如果我们能够坚持孩子一日三餐都吃主食，并且在孩子吃主食的同时，也让孩子吃辅食，使孩子除了获得丰富的营养，还养成不偏食的良好饮食习惯。为了能够使孩子吃够吃好，就需要制定一个短期的食谱，一方面使主食在一定时间内变换花样，不仅有米饭，包括干饭、稀饭、米糕、米糊等，而且还有面食，包括馒头、包子、面条、面包等。另一方面在为孩子选择辅食的时候，一定要坚持食品必须保证质量的原则，尽量选用新鲜的肉类、蛋类与蔬菜，这样制作出来的食品味道鲜美可口，孩子也就会喜欢吃，自然胃口就好，对吃饭的兴趣也就很高。所以，最好不要只图方便，买些现成的食品给孩子吃。还要让孩子尽量少吃零食，培养良好的生活习惯，这对于孩子的健康成长十分重要。

>> 专家链接

宝宝一般在6个月的时候还是以母乳为主，当然如果已经断奶，那么还是以奶粉为主，但在正餐之间，需要喂少量辅食，比如鸡蛋羹等。宝宝的消化系统其实是和大人一样的，只是没有发育完全，所以还是需要少吃多餐，如果一下子喂太多的东西给宝宝，宝宝会不舒服，而且妈妈抱的时候还会回吐，所以要注意。

第二章
婴幼儿生长必需的营养物质

婴幼儿生长发育必需的营养物质包括水、蛋白质、脂肪、碳水化合物、矿物质、维生素及膳食纤维。这些营养物质缺失会对宝宝的健康成长带来一定的问题。所以了解更多关于婴幼儿生长必需的营养素是很有必要的。

水

水在人体内含量最多，是人体的重要组成成分，新生儿体内的水分约占体重的80%，婴儿约占体重的70%，幼儿约占体重的65%。体内营养物质的输送、废物的排泄、体温的调节以及呼吸过程都离不开水，因此，水对婴幼儿来说必不可少。

当一个人缺少水分时，会出现食欲缺乏、精神疲倦、代谢紊乱等，在气温过高的环境下如果水分供给不足，还可能出现体温突然升高，称为“脱水热”。

>> 温馨提示

保持人体水分充足的正确措施：

（1）不要等到口渴才喝水。应该养成口渴前就饮水的习惯。

（2）经常少量多次饮水，而不是一次大量饮水。

（3）活动后称体重，每损失体重0.45千克体重补充400～600毫升杯水。

蛋白质

蛋白质是构成一切细胞和组织结构的基本材料，是一切生命活动的物质基础，在所有的生命现象中起着决定性的作用。从生命活动的过程来衡量，蛋白质

加上核酸就是生命存在的主要形式，蛋白质的生理意义有以下几点：

1. 维持身体组织的生长、更新与修补

蛋白质是人体器官与组织的细胞不断更新、生长的原料。身体的增长与发育直至成熟，都需要蛋白质的参与。人体伤口的修复同样离不开蛋白质的作用。

2. 调节人体的生理功能

蛋白质在人体各种生理功能中起着非常重要的作用。例如，食物的消化过程和细胞内不断进行的物质代谢过程，都是在各种各样的酶催化下进行的，而酶都是由蛋白质所组成。蛋白质还能调节和控制人体的各种生理功能。

3. 增强人体对疾病的抵抗能力

蛋白质可以使人体对外界某些有害因素保持高度的抵抗力。例如，人体防御流行性感冒、麻疹、传染性肝炎、伤寒、白喉和百日咳等疾病的抗体，都是一些蛋白质和蛋白质衍生物。抗体能与入侵的各种细菌、病毒和细菌毒素结合起来，使它们的致病能力减弱，使病原体无法生存、繁殖。因而可以避免感染，减少疾病的发生。

4. 提供人体必需的氨基酸

蛋白质对婴幼儿生长发育的重要性，实际上就是氨基酸的重要性，食物蛋白质在消化道中，经胃和胰液中蛋白酶的作用，合成氨基酸后被机体吸收，在体内再合成蛋白质。人体蛋白质的合成，除了机体自身可以合成多种氨基酸外，还有九种必需由食物蛋白质供给，称为“必需氨基酸”，它们是：赖氨酸、色氨酸、蛋氨酸、苯丙氨酸、亮氨酸、异亮氨酸、苏氨酸、缬氨酸和组氨酸。一般说来，蛋、肉、鱼、奶等动物蛋白质中所含的氨基酸，从其组成和比例方面都比较合乎人体需要，容易被人体吸收利用，从而促进身体的生长发育。而植物蛋白质如豆类、面粉、小米、玉米等，除黄豆中所含的氨基酸比较全面外，不少植物蛋白质所含的必需氨基酸的种类都不甚完备，因而营养价值不如动物蛋白质。婴幼儿时期的新陈代谢旺盛，应适当多吃动物蛋白质。

5. 供给人体热能

蛋白质是为人体提供热能的三种物质之一。在碳水化合物供给热能不足时，人体会动用蛋白质的分解来释放热能。另外，人体内衰老的或已破损的组织细胞中的蛋白质在分解的过程中也会释放部分热能。

婴幼儿时期正处于身体的生长突增阶段，蛋白质的质和量都直接对其有重要影响，倘若缺欠，就会造成疾病，甚至导致死亡。蛋白质在小儿体内的代谢特点是：合成远远超过分解。婴幼儿正处于生长发育阶段，如果体内蛋白质合成不足或体内蛋白质的分解大于合成，就会导致氮的负平衡，对婴幼儿生长发育不利。

>> 营养小贴士

肉类、鱼肉、禽肉、蛋奶是蛋白质的丰富来源，但并不是最佳的来源。幼儿的肝脏会觉得它们难以消化，要消化吸收动物蛋白质，肝脏的负荷会比较大。如果可以改变一下幼儿摄取蛋白质的食物来源，从一些不太为人所知的食物中如谷类摄取蛋白质，情况就会好得多。很多谷物都是优质的蛋白质来源，特别是昆诺阿黍。这是一种比肉类更加优异的蛋白质食物。还有荞麦、小米、苋藜、豆类、坚果、绿色多叶蔬菜和发芽的种子。

蛋白质的食物来源

一类为动物性蛋白质：来源于瘦肉、牛肉、鱼、虾、奶、蛋、禽类等；另一类为植物性蛋白质：来源于豆类、谷类、坚果（如花生、核桃）等。蛋白质的营养价值取决于其所含必需氨基酸的种类、数量以及氨基酸之间的比例。

如蛋白质中所含必需氨基酸的种类、数量及氨基酸之间的比例接近人体组织器官中的蛋白质，则该蛋白质的营养价值高。称为优质蛋白质，如鸡蛋、乳类、豆类等所含的蛋白质，就是优质蛋白质。

植物性蛋白质中，粮谷类食品所含蛋白质少，且必需氨基酸的组成也不均衡，故其蛋白质营养价值较低。因此，一般认为动物性蛋白质比植物性蛋白质的营养价值高。对婴儿而言，提供蛋白质最好的食物是母乳（主食），其次是蛋、鱼、禽、肉及大豆。

脂肪

婴幼儿正处于生长发育较迅速的阶段，需要足够的类脂（如糖脂、磷脂和胆固醇等），否则会影响宝宝的生长发育和身体健康。

膳食中脂肪的推荐摄入量受饮食习惯、季节及气候的影响，变动范围较大，而且脂肪在体内供给的热能也可由碳水化合物来供给，至于为了供给脂溶性维生素、必需脂肪酸以及保证脂溶性维生素的吸收等所需的脂肪并不多。因此，在我们每日膳食中营养素推荐摄入量的建议中，并未明确规定脂肪的推荐摄入量。一般以脂肪供给的热能不宜超过30%，以避免油脂食入过多。婴幼儿需要各种脂肪酸和脂类，初生时脂肪占总热量的45%，随月龄的增加，逐渐减少到总热量的30%～40%。婴儿神经系统的发育需要必需脂肪酸的参与，所以必需脂肪酸提供的热量不应低于总热量的3%。这一需要量，在以植物油为主要烹调油的饮食中是不能满足的（必需脂肪酸的最好食物来源是植物油类，动物脂肪中的必需脂肪酸含量一般较植物油低）。

脂肪是产生能量效率最高的一种营养素，为三大产热营养素之最，脂肪是婴幼儿所需能量的主要来源。人类身体中的脂肪能供给人体热能，保持人体体温，有“产热高手”之称。通常1克脂肪在体内完全氧化所产生的能量约为37.6千焦，比等量糖类和蛋白质产生的能量要多1倍以上。

脂肪对身体具有重要的作用。脂肪产生的能量远远高于等量的蛋白质和糖类产生的能量，人体积存的脂肪是机体的“燃料仓库”，因此，脂肪可滋润肌肤、防止体温外散，在寒冷的天气里能维持体温。

脂肪中的类脂是细胞结构的基本原料，脂肪能作为器官和神经组织的防护性隔离层，具有保护和固定重要器官的作用。脂肪提供的必需脂肪酸是组织细胞的组成成分，并能促进脂溶性维生素的吸收和利用。当人患病或饥饿时，机体能通过消耗脂肪来提供热

> **>> 温馨提示**
>
> 脂类是油、脂肪、类脂的总称。食物中的油脂主要是油和脂肪，一般把常温下是液体的称作油，而把常温下是固体的称作脂肪。脂肪所含的化学元素主要是C、H、O，部分还含有N、P等元素。脂肪是由甘油和脂肪酸组成的三酰甘油酯，其中甘油的分子比较简单，而脂肪酸的种类和长短却不相同。脂肪酸分三大类：饱和脂肪酸、单不饱和脂肪酸、多不饱和脂肪酸。脂肪在多数有机溶剂中溶解，但不溶解于水。

能，保存蛋白质。

食物中的猪油、牛油、羊油、奶油、蛋黄油和禽类油，是动物性脂肪的主要来源。花生、大豆、芝麻、棉子、葵花子等是植物性脂肪的主要来源。

人体内脂肪的沉积可能有利，也可能不利，这取决于是否适宜或过多。目前在膳食中脂肪的摄入量有随着人们生活水平的提高而逐渐增多的趋势。脂肪在一天总热能中的比例过高，会发生热能过剩，以致过多的脂肪堆积在体内，引起体重增加，发生肥胖，增加心脏或其他器官的负担。

脂肪含量较多的食物

膳食中脂肪主要来自动物脂肪和富含油脂的植物。脂肪含量较高的食物包括猪肉、猪油、植物油、核桃、葵花子、花生、松子等。来自植物性食品的脂肪除棕榈油外均富含不饱和脂肪酸，其亚油酸含量高，并含有较多的维生素 E。动物性脂肪除某些海产动物外，一般含饱和脂肪酸和胆固醇较多。脂肪的主要来源是烹调用油脂和食物本身所含的油脂。几种食物中的脂肪含量，果仁脂肪含量最高，各种肉类居中，米、面、蔬菜、水果中含量很少。

碳水化合物

碳水化合物是人体活动最主要的能源物质，也是最经济的能量来源，是婴幼儿一切内脏器官、神经、四肢以及肌肉等内外部器官发育与活动的强大动力，碳水化合物也叫糖类。碳水化合物是自然界中存在的一大类有机化合物，几乎所有动物、植物、微生物的体内都含有它，其中以存在于植物界的最多。根据碳水化合物的分子结构特点，可分为：单糖（葡萄糖、果糖等）、双糖（蔗糖、麦芽糖和乳糖等）和多糖（淀粉和糖原、纤维素和果胶等）。以上各种糖类，除纤维素和果胶不能被人体消化和吸收外，其他都可被人体吸收利用。

碳水化合物的生理意义表现在以下几点：

1. 人体最主要的供能物质

碳水化合物是人体最主要的热能来源，它在人体被消化后，主要以葡萄糖的形式被吸收，葡萄糖能迅速氧化为人体提供热能。心脏的工作全靠葡萄糖和动物淀粉供给热能，肌肉活动也是以葡萄糖为主要燃料，神经组织和脑组织所需要的

能源，几乎全部由葡萄糖氧化供给。如果人体的血糖浓度低于正常，就会引起大脑供能障碍，出现昏迷、痉挛，甚至导致死亡。

2. 构造人体组织

碳水化合物是构成人体组织的一种重要物质，参与诸多生命过程。糖蛋白是细胞膜的组成成分之一，并且是一些具有生理功能的物质；糖脂是组成神经细胞和细胞膜不可缺少的结构成分之一；核糖和脱氧核糖是核酸的重要组成部分，而核酸在人体的生长发育及繁殖等过程中起着重要的作用，其中脱氧核糖核酸（DNA）是生命的遗传物质。

3. 抗酮作用

碳水化合物、脂肪和蛋白质三者在体内氧化，虽然都能产生热能，但在正常情况下，人体热能的来源应以碳水化合物为主。如果以脂肪为供能的主要来源，可能因氧化不全产生酮体，时间长了就会出现酸中毒现象。碳水化合物可以促进脂肪在体内的氧化，防止由于脂肪氧化产生过多的酮体而导致中毒。因此，只有碳水化合物才能维持脂肪的正常代谢。

有些糖类虽然不能被人体消化、吸收和利用，但是它能促进肠道蠕动，促进消化液的分泌以助正常消化，如果胶吸水膨胀后可增大粪便的体积，以利于粪便的排出。碳水化合物如供给不足，则会出现血糖降低的症状，同时也会影响其他营养素的消化、吸收和利用，使体内蛋白质消耗增加，因而形成营养不良症，使身体消瘦，没有力气，发育也不好。但婴幼儿如进食糖类食物过多，又易引起腹泻或不正常地积存脂肪，从而产生虚胖或水肿，这对以后的发育以致成年后的健康都会带来不利影响。

>> 营养小贴士

碳水化合物的主要食物来源有：糖类、谷物（如水稻、小麦、玉米、大麦、燕麦、高粱等）、水果（如甘蔗、甜瓜、西瓜、香蕉、葡萄等）、干果类、干豆类、根茎蔬菜类（如胡萝卜、红薯等）等。

矿物质

这里我们只说说几种对婴幼儿特别重要的矿物质的参考摄入量。

1. 钙

钙是人体中含量最多的矿物质，对婴幼儿的生长发育相当重要。因此，在婴幼儿时期要相应增加宝宝钙的摄入量，1 岁以内的婴儿每日应摄取 300 ~ 400 毫克，1 ~ 3 岁的幼儿每日应摄入 600 毫克左右。含钙较多的食物有：虾皮、海带、紫菜、绿叶蔬菜、乳类、糕干粉、代乳粉、豆腐粉、黄豆，以及粗面、粗米等。

2. 磷

磷广泛地存在于各种食物中，一般的，若是膳食中钙质和蛋白质的摄入量充足，那么磷的摄入量也能得到满足。1 岁以内婴儿每日磷摄入量为 150 ~ 300 毫克，1 ~ 3 岁幼儿每日磷的适宜摄入量为 450 毫克。磷广泛存在于乳类、肉类、鱼类、豆类和谷类等多种食物中。

3. 铁

人体中的铁有一部分可以重新被吸收利用，所以从膳食中摄入的铁主要用于补充胃肠道黏膜脱落（失铁约 0.6 毫克/天）、皮肤脱屑（失铁约 0.2 毫克/天）及泌尿道（失铁约 0.1 毫克/天）所丢失的铁。学龄前儿童铁适宜摄入量为每天 10 ~ 12毫克。食物中的肝类、瘦肉、蛋黄、绿叶蔬菜和一些水果中含铁较丰富。

4. 碘

正常的体形、认知行为和神经运动系统的发育均依赖于碘合成的甲状腺素。外部环境缺碘可导致人体脑发育落后，出现以甲状腺肿为主要特征的碘缺乏病。

婴幼儿每日需碘50微克左右。海产品中含有丰富的碘，如海带、紫菜、发菜、鱼、虾等，海盐中的原盐也含有一定量的碘。通常食盐中含碘量甚微，越是精制盐含碘越少，近年来我国普及加碘盐，可长期稳定供给人体生理需要的碘量，不再需要额外补充碘。

5. 锌

锌在婴幼儿的生长发育中是不可缺少的。缺乏锌不但使生长停滞、创伤愈合不良，还会出现性发育不良。7～12月婴儿锌的推荐摄入量为8毫克，1～3岁的幼儿为9毫克，学龄前儿童为12毫克。锌的来源广泛，但动植物食物的锌含量与吸收率有很大差异。牡蛎含锌量最高，每千克可达1克以上；动物性食品含锌量也较高，如牛肉、猪肉、羊肉及肝脏、蛋类每千克在20～50毫克；鱼类和其他海产品每千克在15毫克左右；牛乳及乳制品每千克在3～5毫克；豆类及谷类每千克在15～20毫克；蔬菜和水果每千克在10毫克以下。过细的食品加工过程可导致锌大量丢失，例如将小麦加工成精面粉约去掉80%的锌，罐装食品也会导致锌的大量损失。

>> 温馨提示

人体的矿物质有钙、磷、钾、钠、氯等需要量较多的大量元素，铁、锌、铜、锰、钴、钼、硒、碘、铬等需要量少的微量元素。但无论哪种元素，和人体所需蛋白质相比，都是非常少量的。

维生素

关于维生素的参考摄入量，我们选取常见的几种讲述一下。

1. 维生素A

对母乳喂养的婴儿，除维生素D供给量低外，正常母乳含有婴儿所需的各种维生素。

我国规定1岁以内婴儿维生素A的供给量为每天400微克，幼儿每天供应量为500微克，学龄前儿童每天供应量为600微克。

维生素A最好的食物来源是各种动物肝脏、鱼肝油、鱼卵、全奶、奶油、禽蛋等。

植物性食物中存在的胡萝卜素在体内也能转化为维生素A。胡萝卜素的良好来源是黄绿色蔬菜，如胡萝卜、菠菜、苜蓿、豌豆苗、红心甜薯、辣椒、冬苋菜，以及水果中的杏、芒果和柿子等。

2. 维生素D

维生素D是体内钙磷代谢的重要调节因子之一。

体内缺乏维生素D可出现与缺钙相同的表现，如骨骼钙化障碍及牙齿发育缺陷。我国建议3岁以内婴幼儿每日摄入维生素D 10微克，维生素D的摄入量随日照的多少会有所不同，因为吸收阳光可以在体内合成维生素D。

所有鱼肝油都是维生素D的丰富来源。通常天然食物中维生素D含量均较低，含脂肪高的海鱼、动物肝脏、蛋黄、奶油等相对较多，瘦肉和奶中含量较少。

3. 维生素B_1

一般认为，维生素B_1的需要量应当与人体热能的总摄入量成正比，每天应为0.5毫克/1000千卡热能。

过分淘米，会造成维生素B_1大量损失。婴幼儿维生素B_1的每日推荐摄入量为0.3~0.7毫克。

维生素B_1的食物来源主要为未精制的谷类食物，但碾磨和精加工使维生素B_1含量逐渐减少；瘦肉和内脏（心、肝、肾）中维生素B_1含量也较丰富；豆

类、种子、干果、坚果类和蛋类也是维生素 B_1 的良好来源；发酵生产的酵母制品中含有丰富的 B 族维生素；蔬菜水果中含量较少，但芹菜和莴苣叶中含量丰富，要注意充分利用。

4. 维生素 B_2

一般认为，维生素 B_2 的需要量与蛋白质摄入量有关，生长加速期蛋白质需要量增加，维生素 B_2 需要量也增加。婴幼儿维生素 B_2 的每日推荐摄入量为0.5～0.7 毫克。维生素 B_2 广泛存在于动植物食物中，如奶类、蛋类、肉类、动物内脏、谷类、新鲜蔬菜和水果。谷类和蔬菜是我国居民维生素 B_2 的主要来源，但由于谷类的精加工会使维生素 B_2 损失一部分。另外，在烹调的过程中也会使维生素 B_2 损失一部分，因此维生素 B_2 容易缺失。

5. 维生素 C

2000 年，中国营养学会提出我国人民膳食中维生素 C 的摄入量，1 岁以内婴儿每日适宜摄入量为 40～50 毫克，3 岁以内幼儿每日摄入量为 60 毫克，学龄前儿童每日摄入量为 70 毫克左右。维生素 C 的主要来源是新鲜的蔬菜和水果，例如，辣椒、菠菜、西红柿、韭菜、柑橘、红果、草莓等。动物性食物仅肝脏和肾脏含有少量的维生素 C，肉、鱼、禽、蛋、奶等食品中含量较少。

维生素 C 是水溶性物质，并且易氧化破坏，过热、遇碱性、长时间暴露在空气中都会破坏维生素 C。

>> 营养小贴士

维生素缺乏症，维生素 A：夜盲症，角膜干燥症，皮肤干燥，脱屑；维生素 B_1：神经炎，脚气病，食欲不振，消化不良，生长迟缓；维生素 B_2：口腔溃疡，皮炎，口角炎，舌炎，唇腭裂，角膜炎等；维生素 B_{12}：巨幼红细胞性贫血；维生素 C：坏血病，抵抗力下降；维生素 D：儿童的佝偻病，成人的骨质疏松症；维生素 E：不育，流产，肌肉性萎缩等。

膳食纤维

膳食纤维是指在人体肠道内能耐受消化酶的作用、可被细菌酶分解的植物性物质。蔬菜是膳食纤维的主要来源。

膳食纤维虽不被人体消化系统所吸收，但它对人体却有不可忽视的作用。膳食纤维能使婴幼儿粪便变软，肠道蠕动加快，增加粪便体积，减少便秘，同时，膳食中的纤维素可以减少肠道中各种有害物质如致癌物质的产生。

认识蔬菜的营养价值

为了宝宝的健康，不要低估蔬菜的营养价值。蔬菜中含有大量的维生素、矿物质、氨基酸、抗氧化剂、酶及植物化学物质。这些物质一起作用，可以为人体提供大量的维生素、食物纤维、蛋白质和无机盐等，而蔬菜中的一些植物化学物质，对人体具有更重要的作用。如绿叶蔬菜里含有丰富的叶绿素，它们有助于“制造”血液，能够帮助抵抗癌症和部分辐射，杀死细菌，有很强的疗伤作用；红椒中含有大量的辣椒素，它有助于保护 DNA 免受破坏；存在于柑橘类水果及黄瓜中的生物类黄酮对人体有许多好处，能够与有毒金属结合，并将它们排出体外，能抑制细菌，因而具有抗感染的特性，还能够抵抗致癌物质；葱属植物，含有丰富的维生素和矿物质，大蒜对免疫系统非常有益，能够预防癌症。

第二篇

新生儿喂养有妙招

第一章

新生儿的母乳喂养

新生儿的喂养主要依赖乳类。母乳是最佳天然食品。母乳中所含各种营养物质如蛋白质、脂肪、碳水化合物、矿物质、维生素、水等，含量适中、比例适当、质地优良，最易于婴儿消化吸收。

两个月婴儿的喂养

对两个月的婴儿仍应继续坚持母乳喂养。无条件哺乳的，仍应每隔 4 小时喂奶 1 次，每天喂 6 次，牛奶喂养的婴儿奶量每次约 100 毫升，即使吃得多的婴儿，全天总奶量也不能超过 1000 毫升。如果婴儿仍吃不饱，可以加健儿粉或糕干粉，每 100 毫升奶中加 3 ~ 5 克即可，放在奶中一起熬熟。

两个月婴儿的辅食仍是果汁、菜水，每次 1 ~ 2 匙，每天 1 ~ 2 次；浓鱼肝油仍每天 3 次，每次 2 滴；钙片每天 2 ~ 3 次，每次 2 片。

对混合喂养和人工喂养的婴儿，应酌量添加蔬菜和新鲜的果汁，用以补充牛奶在加工过程中损失的维生素 C。一般每日 2 次，在喂奶间隙喂人。

新生儿开奶的最佳时间

婴儿出生后什么时候开始哺乳最好？过去很长时间多强调母亲产后疲劳，需要休息，所以一般要求在正常新生儿生后 6 ~ 12 小时开始哺乳。近 20 余年来，许多中外生理学专家研究发现，新生儿生后第一个小时是个敏感期，且在出生后 20 ~ 30 分钟，新生儿的吸吮反射最强。如果此时没能得到吸吮的体验，将会影响以后的吸吮能力。专家们还认为，新生儿出生后母子接触的时间越早、越长，母子间感情越深，婴儿的心理发育越好；且新生儿敏感期正是确立母子间感情联系的最佳时期。因此，主张应让新生儿出生后半小时之内，就开始伏在母亲胸前，使母婴皮肤早接触，片刻后新生儿便会寻觅和吸吮乳头，及早获得“物质营养和精神营养”。所以新生儿出生后应尽可能早些吃到母乳。

不宜在母亲第一次喂奶前喂给婴儿糖水或牛奶，称为哺乳前喂养。

近来研究表明，哺乳前喂养没有必要。因为胎儿在出生前体内已储存了足够的营养和水分，足可以维持到母亲来奶，而且只要尽早给新生儿哺乳，少量的初乳就能满足刚出生的正常新生儿的需要。

>> 专家链接

将母乳和牛奶放在密闭器中测量热卡，两者相差无几，但进入婴儿的体内以后，两者并不相同。母乳中的蛋白质比牛奶的蛋白质易于消化，婴儿只有3个月后才能很好地利用牛奶中的蛋白质，所以至少前3个月应采用母乳喂养。母乳和牛奶均含有铁，母乳中的铁50%可被吸收，但牛奶中铁的吸收则不足一半。

如果进行哺乳前喂养，对新生儿来说，一方面会使新生儿产生“乳头错觉”（奶瓶的奶嘴比母亲的奶头易吸吮）；另一方面因为用奶粉冲制的奶比妈妈的奶甜，也会使新生儿不再爱吃妈妈的奶，造成母乳喂养失败，新生儿不愿吃母乳。这样一方面新生儿得不到具有抗感染作用的初乳；另一方面人工喂养在配奶及奶瓶等器具消毒时又极易受细菌或病毒污染而容易引起新生儿腹泻。对母亲来说，由于推迟开奶时间而使母亲来奶时间推迟，且因新生儿不愿吃母乳而使母亲易发生奶胀和乳腺炎。因此，一般不需要哺乳前喂养。

母乳喂养的优点

新生儿期指从出生至第28天，该时期婴儿的生理特点是：

（1）新生儿刚刚离开母体开始独立生活，周围环境骤然改变，迫使新生儿必须适应新的、不断变化的外部环境。

（2）新生儿在营养方面的特点是从子宫内营养过渡到子宫外营养，胃肠道开始启用。

（3）新生儿对周围环境还不能很好地适应，如果喂养不当，就容易患病。母乳含有新生儿生长发育所必需的各种营养成分，营养丰富，蛋白质、脂肪和糖的比例适当，而且容易消化吸收。

母乳中的蛋白质、脂肪和乳糖最适合新生儿消化和吸收，不仅有利于宝宝体格的生长发育，而且是大脑发育不可缺少的原料。所以，母乳被称为新生儿生命之本，是新生儿健康成长的源泉。母乳中含有丰富的免疫球蛋白，尤其是初乳中含有大量的免疫物质及生长因子，使新生儿出生后接受了第一次被动免疫，对新生儿生长发育和抗感染十分重要。

母乳量随着婴儿的生长而增加，乳汁温度与泌乳速度适宜，喂养方便，而且经济。母乳喂养有利于增进母子感情。母乳喂养使母婴有更多的肌肤接触，通过母亲对新生儿肢体的触摸、亲吻及拥抱等，有利于建立婴儿对母亲的依恋感情，也有助于形成密切的亲子关系。

>> 妈妈讲堂

无论在何时何处，只要母亲露出胸部就可给婴儿喂奶，根本不必带着奶粉罐，烧水，用奶瓶冲奶粉。另外，如采用人工喂养，为防止病毒或细菌污染，牛奶和奶瓶必须严格消毒，而母乳是已“消毒”好后分泌出来的，由于婴儿从母体获得的免疫抗体能有效地防止病毒所引起的炎症反应，所以少见发生像哮喘病一类的疾病，胸部听到喘鸣者也少见。

母乳中钙磷比例适宜，易于宝宝吸收，较少发生低血钙症。哺乳过程对新生儿各种感官的刺激，都是对新生儿最早的智力开发。

产后哺乳可以刺激母亲子宫收缩，促进母亲早日恢复。哺乳可以推迟月经复潮，有利于避孕。哺乳的母亲较少发生乳腺癌和卵巢癌。

>> 温馨提示

当母乳分泌不足或由于某种原因不能完全用母乳喂养时，在母乳喂养后需要用代乳品来补充，若一日内需要用一次或数次代乳品来代替母乳喂养则称为混合喂养。婴儿所需的代乳品的量是根据婴儿实际获得的母乳的量计算出来的。测量婴儿在用母乳喂养前后的体重（称量器的最小刻度以5克为宜），体重的增加量就是获得的母乳量，再用人工喂养方法计算出婴儿所需的奶量，从中减去已获的母乳量即是应用代乳品的量。

初乳有哪些营养

产妇在产后最初几天分泌的乳汁叫初乳，呈淡黄色。初乳的量很少，但与成熟乳汁相比，初乳中富含抗体、丰富的蛋白质、胡萝卜素、较低的脂肪及宝宝所需要的各种酶类、碳水化合物等，这些都是其他任何食品都无法比拟的。

新生儿可以从初乳中得到母体的免疫物质，其中的免疫球蛋白A，宝宝吃后可以黏附在胃肠道的黏膜上，抵抗和杀死各种细菌，从而防止宝宝发生消化道、呼吸道的感染性疾病。此外，初乳中的巨噬细胞、T淋巴细胞和B淋巴细胞可吞噬有害细菌，具有杀菌和免疫作用，所以初乳被人们称为第一次免疫，对宝宝的生长发育具有重要意义，是任何营养保健品都无法替代的。初乳还有促进脂类排泄作用，可以减少黄疸的发生。妈妈一定要珍惜自己的初乳，一旦错过，对孩子将是巨大的损失。

>> 温馨提示

初乳中含有宝贵的抗体，能帮助新生宝宝抵御脊髓灰质炎、流行性感冒和呼吸道感染等疾病，所以一定要让新生宝宝喝到珍贵的初乳。新生宝宝需要的乳量为50~80毫升。一个体重3千克的宝宝每日需要摄入乳汁400~625毫升。母亲可在每次哺乳3小时后继续分泌乳汁80~100毫升，每日母亲分泌乳汁720~950毫升是足够宝宝喝的。

早产儿妈妈的初乳中各种营养物质和氨基酸含量更多，能充分满足早产宝宝的营养需求，而且更有利于早产宝宝的消化吸收，还能提高早产宝宝的免疫能力，对抗感染有很大作用，所以一定要喂给孩子吃，切勿将其丢掉。

喂奶的次数及时间

宝宝出生后不久就可开始哺乳，越早吸吮妈妈的乳头越好。喂乳的次数和时间不能硬性规定，目前主张按需哺乳，即按照母亲及宝宝双方的需要进行哺乳，包括以下两个方面：①宝宝饥饿时进行哺乳；②母亲感到乳房胀时进行哺乳。喂奶初期，只要宝宝饿了，随时都可以哺乳，同时摸索规律。以后根据宝宝睡眠情况一般可2~3小时喂1次，逐渐延长到3~4小时1次，夜间逐渐停1次，一昼夜共6~7次。4~5个月后可以减至5次。若宝宝吸吮能力差，凌晨3点还需加喂1次；若宝宝吸吮能力强，一次就能吃得饱饱的，夜间睡得也很好，就可以不用弄醒喂奶，应根据具体情况，灵活掌握。每次哺乳的时间：出生2~3天，每次每侧乳房喂2~4分钟，以后延长至10分钟左右，一般最初5分钟内已吸出大半乳量，10分钟后乳汁几乎吸空，故每次最长喂乳时间不超过15~20分钟。可根据宝宝的吸吮能力和生活能力适当延长或缩短，以吃饱为准。

>> 温馨提示

母乳是连接母亲和婴儿的纽带，喂奶不仅是为了给婴儿提供营养，而且是连接母亲和婴儿的纽带。胸前抱着婴儿哺乳，母亲在最近的距离看着婴儿的面孔，抚摸着婴儿的肌肤。婴儿高兴时呈何表情，不高兴时表情又是如何，身体状况良好是什么样子等，母亲从孩子吃奶的情形中即可得知。

人工喂养注意事项

调好配方奶后妈妈就要着手给宝宝喂奶了，爱抚是喂奶的第一步。喂奶前，妈妈要先将宝宝轻柔地抱起，让宝宝贴近妈妈的胸，让宝宝和妈妈充分享受肌肤之亲。妈妈要望着宝宝的眼睛，在用奶瓶喂宝宝之前，轻柔地和宝宝说话、微笑，这些都有助于增进宝宝和妈妈之间的感情。千万不要在没人照看的情况下，将奶瓶留在宝宝嘴里，以免导致呛奶或窒息。在喂宝宝喝奶之前，将以前调配好的配方奶温热，或用热水冲一下奶瓶，或将奶瓶放在热水中泡一会儿。不要用微波炉加热。

在喂奶时注意保持奶瓶倾斜，让奶嘴中充满奶，这样宝宝就不会吸到空气了。喂奶时，让宝宝在妈妈的怀抱里稍稍倾斜。如果宝宝平躺着，会造成吞咽困难，甚至可能会被呛着。

当宝宝吃够了奶以后，妈妈要将宝宝竖起，让宝宝的头靠在妈妈肩部，然后轻轻地拍宝宝的背部，帮助宝宝排放在吃奶过程中进入胃里的气体，防止宝宝胀气和溢奶。宝宝的奶量够不够是爸爸妈妈最关心的问题。一般情况下，满足下列情形就表示宝宝喝够了。

一看哺乳次数。1~2个月的宝宝每天需要吃8~10次，3月龄时每天至少要吃8次。

二看排泄。每天换6块以上湿尿布，期间有2~3次软大便。

三看睡眠。能够安静入睡4小时左右。

四看体重。每星期平均增加体重150~170克，3个月时则为200克左右。

五看神情。小眼睛闪亮，反应灵敏。

母亲在什么情况下不宜哺乳

（1）患有严重心脏病、慢性肾炎、糖尿病、肝炎、结核病的妈妈不宜喂奶。

（2）患精神病和癫痫病的妈妈，若在喂奶时发作，会对宝宝造成伤害。而且患病妈妈因为长期服用药物，药物会随乳汁进入宝宝体内，因此不宜喂哺宝宝。

（3）患急性感染性疾病的妈妈，在服用红霉素、氯霉素等药物期间，应停止给宝宝喂奶数天。

（4）妈妈患严重感冒或高烧时，也要暂时停止喂奶，等康复之后再喂。

做好母乳喂养的准备

在分娩前就应该决定是否采用母乳喂养婴儿，这样就可为母乳喂养做准备以及做计划。如果有乳头凹陷的话，必须采取特别措施，如遇乳头完全扁平的情况，婴儿就不能吸住乳头，这种情况是十分罕见的。但是如果确实是乳头凹陷的话，可以穿着胸罩使乳头稍微凸起。入院时就应告诉看护人员，自己打算用母乳喂养婴儿，要求医护人员帮助。可以和看护人员或护士长详谈有关婴儿喂养的方法，多听取医生的建议。

母亲第一次给婴儿喂奶叫“开奶”。早开奶有利于母子的健康，所以产后应该尽早让婴儿吮吸母亲乳头，新生儿强有力的吸吮是对乳房最好的刺激，喂奶越早越勤，乳汁分泌得越多。新生儿出生后第一个小时是敏感期，而且出生后20~30分钟内，婴儿的吸吮反射最强，因此母乳喂养的新观点提倡产后1小时内即开奶，最晚也不要超过6小时。婴儿一出世，就试着给婴儿吸吮乳房，这对母亲和婴儿都有好处。如果在医院的产房里，可以要求把婴儿放在自己的胸部上，自然地吸吮刺激“催产素”的产生。这种激素可以使子宫收缩也可以使胎盘尽早排出。让婴儿吸吮也有助于形成一种很强烈的感情结合。婴儿偶然会有呛奶现象，不必担忧，吸吮的自然反射是很强烈的，婴儿出生后即有吞咽的能力。

保证母乳充足的方法

母乳是婴儿最好的食物，保证有充足的奶水，宝宝才能健康茁壮地成长。如何才能做到保证母乳充足呢？

当新生儿出生断脐后，尽量早些（30 分钟内）让其吸吮妈妈的乳房，即使这时候妈妈奶水很少，也要让他们吸吮。通过吸吮刺激乳腺上催乳素受体的发育，可以促使乳汁分泌。

鼓励妈妈勤喂奶，当婴儿饥饿时或母亲感到乳房发胀时，即抱起婴儿喂哺，并坚持夜间哺乳。在夜间，如果婴儿属生理性睡眠可以超过 3 个小时不吃奶，但若妈妈感到乳房发胀时，应挤出部分乳汁。

掌握正确的哺乳技巧。哺乳时母婴体位应该舒适，心情愉快，婴儿正确含接乳头，做到有效吸吮。过早添加副食会使婴儿缺乏饥饿感，从而降低了对母乳的渴求，不想再多吸吮，影响乳汁分泌。故 4 个月内的婴儿不应加任何食物或水。

给乳母丰富的营养，保证足够的热能，膳食成分比例要适当，还要让喂奶的妈妈休息好，有足够的睡眠和愉快的情绪。

防止患全身性或乳房局部的疾病，如发热感冒、乳头凹陷、乳头皲裂及乳腺炎等。

乳房柔软而无胀感，乳汁不下或甚少，面色苍黄，精神疲倦，可用参芪四物汤：熟地 15 克、白芍 12 克、当归 9 克、川芎 6 克、党参 9 克、黄芪 9 克、王不留行 9 克、通草 9 克，或服用生乳灵、催乳丸等。

此外可用食疗法：猪蹄 2 只加当归 30 克，煮烂吃肉喝汤；鲤鱼汤煮糯米粥食用；猪蹄 2 只加花生仁、黄豆各 60 克，清炖熟烂后调味食用。

乳房胀硬、疼痛，乳汁不行或乳少不畅。可用下乳涌泉散加减：当归 9 克、通草 3 克、川芎 6 克、栝楼 15 克、柴胡 9 克、穿山甲 9 克、王不留行 9 克、桔梗 3 克。或服用丹栀逍遥丸、舒肝丸等。

此外可用食疗：猪蹄 1 只加木通 5 克、漏芦 15 克、佛手 10 克、葱白 2 根，将药物用纱布包好，煮烂后吃肉喝汤；豆腐 15 克加王不留行 10 克，煮后吃豆腐喝汤。

>> 温馨提示

足月新生儿每天需要从母乳中获得的蛋白质为每千克体重1.2克。如无母乳，给予配方乳喂养，其需要量与母乳近似，若用普通牛奶喂养，需要的量较多，足月儿每天每千克体重需从牛乳中获得蛋白质 2～3 克，才能满足需要。新生儿对脂肪的需要量为每天每千克体重 4～6 克，对糖的需要量为每天每千克体重 10～12 克，新生儿每天每千克体重需水量为 100～120 毫升。

帮助宝宝正确吸吮母乳

一个健康的宝宝，吸吮是他应有的本能。宝宝饥饿时就会张开嘴巴寻找并吸吮妈妈的奶头，但有一些母亲由于喂养不当，宝宝不能很好地吸吮，出现烦躁、哭闹，还会弄得母亲的乳头疼痛。为使宝宝能很好地吸吮，关键是帮助宝宝正确地含接乳头，每次哺乳时应将宝宝的嘴和下颏紧贴乳房，身体紧靠母亲，先用乳头轻触宝宝的口唇，诱发觅食反射，待宝宝张大嘴巴时，及时将乳头及大部分乳晕放在宝宝的口中。如果含接姿势正确的话，可看到上方的乳晕要比下方的乳晕要多。此时宝宝的嘴会张得很大，下唇向外翻，舌头呈勺状环绕乳房，面颊鼓起呈球形，并可出现深、慢而有节奏的吸吮动作，不时又暂停一会，还可以听到宝宝在吞咽时所发出的很特别的“咕！咕！……”声音，令人有一种难以描写的满足感和欢乐享受感。

夜间授乳的注意要点

由于新生儿还没有形成一定的生活规律，所以需要夜间授乳。有些母亲白天照顾小宝宝已相当劳累，因而视夜间休息时的授乳为可怕的事情。为了不让夜间授乳打断自己的休息，有些妈妈就让宝宝衔着奶头睡觉，或是一听到宝宝哭闹就将奶头塞到宝宝嘴里，这样做既影响宝宝的睡眠，也难以让宝宝养成良好的吃奶习惯，而且还有可能在母亲睡熟后，乳房压住孩子的鼻孔而造成宝宝窒息死亡。

母亲在夜间喂奶时，也应像白天那样坐起来抱着宝宝，这样既可以培养宝宝良好的吃奶习惯，也可以避免发生意外。

如果孩子在夜间熟睡不醒，就要尽量少惊动他，把喂奶的间隔时间延长一些。一般说来，新生儿期的孩子，一夜喂两次奶就可以了。

各阶段母乳营养的区别

母乳分初乳、过渡乳、成熟乳及前奶、后奶几个阶段，各个阶段的母乳其营养成分都有所不同。初乳的营养价值很高，对宝宝的健康非常重要，千万不可弃之不用。

初乳：产后7天内所分泌的乳汁称初乳。其所含有β-胡萝卜素而呈黄色，

其所含蛋白质及有形物质较多而质稠，开始3天内乳房中乳汁尚未充盈之前，每次喂乳亦可吸出初乳2～20毫升。初乳中含蛋白质比成熟乳多，尤其是分泌型lgA，曾被称为出生后最早获得的口服免疫抗体。

过渡乳：产后7～14天所分泌的乳汁称过渡乳。其中所含蛋白质量逐渐减少，而脂肪和乳糖含量逐渐增加，系初乳向成熟乳的过渡。

成熟乳：产后14天后所分泌的乳汁称为成熟乳。实际上要到30天左右才趋稳定。

前奶：前奶是在一次哺乳过程中先产生的带蓝色的奶。前奶含水量很大，提供丰富的蛋白质、乳糖、维生素、无机盐和水，以及具有抗癌能力的免疫球蛋白。

后奶：后奶是在一次哺乳过程中产生的较白的奶。后奶含有较多的脂肪，看起来颜色比前奶白，这些脂肪提供母乳喂养的大部分能量。

怎样安排授乳时间

产妇分娩后，可立即让新生儿吸吮双侧乳头。开始母乳分泌量少，新生儿吃的也少，可少量多次喂奶，不必拘泥于时间，也不必限制乳量，能吃多少就吃多少。如此，一方面可保证新生儿的需要，另一方面也会刺激乳母分泌生乳素，使乳量增加，进一步满足新生儿食量不断增加的需要，到出生后3～4周才能建立起固定时间喂乳的习惯。

有的母亲不管孩子哭闹多厉害，不到时间就不喂，或者把正在酣睡的小儿叫起喂乳，这样刻板的方法是不可取的。

>> 温馨提示

在出生后前半月每2～4小时哺乳一次，后半月改为每3小时一次；在每次哺乳过程中，应让小儿将一侧乳房吸足15分钟，再改吸另一侧，午夜停哺一次。

母乳喂哺时的姿势

1. 摇篮式

这种姿势适合在公开场合给宝宝喂奶。妈妈端坐在凳子上，把宝宝的头放在右臂的弯曲处，让宝宝平躺着，宝宝嘴巴位置与妈妈的乳晕大体平行，胸部、腹部、膝盖都面向妈妈，让宝宝的下臂（即左臂）环绕妈妈。喂奶时，不要让宝宝的鼻子埋在妈妈的乳房里，但也不能让宝宝的头和颈过度伸张造成吮吸、吞咽困难。

2. 侧卧式

这种抱法适合需要休息的妈妈，特别是剖宫产的妈妈。妈妈向右侧身躺着，让宝宝的嘴和妈妈右边的乳房平行，用右臂抱着宝宝。注意千万不要压着宝宝的手臂。

3. 抱足球式

这种喂奶方式对宝宝体形较小、妈妈乳房较大者特别适用。把宝宝抱在右臂下，右手托着宝宝的头和颈部，宝宝面向妈妈，紧挨妈妈的身体，妈妈用左手固定住右乳房，放进宝宝的嘴里，让他吮吸。

4. 剪刀式

拇指和四指分别放在乳房上方和下方，托起整个乳房。只有在奶流过急时才用剪刀式。

宝宝吐奶、溢奶怎么办

婴儿出生 15 天后，经常吐奶，有时吃完奶 20 分钟左右，“呼”地吐出来。吃奶后马上吐出来时，吐出来的呈牛奶状，吃奶 20 分钟之后吐出来时，吐出来的就是呈豆腐脑状的东西了。吃的奶变成了豆腐脑样物，是胃酸的作用，因奶在胃里停留时间过长所致。

>> 婴幼儿护理小常识

小宝宝为什么会溢奶呢？

小儿的胃呈水平位，胃底平直，内容物容易溢出。站立行走后，由于膈肌下降及重力的作用，才逐渐转为垂直位。另外，婴儿胃容量较小，胃壁肌肉和神经发育尚未成熟，肌张力较低，这些均易造成溢奶。

如果一边吃奶一边从嘴角流出来，可不必担心。如果很多奶像喷水一样“呼”地涌出来，就应该想到可能是授奶方法不正常。如果认为是喂奶的方法不对，使婴儿吃进了空气，就应在喝奶之后把婴儿立起来拍背，让婴儿打嗝。尽管如此，婴儿还是会吐奶，开始是每天1～2次，吐奶次数逐渐增多，有的孩子甚至每次吃奶都吐。可是仔细观察就会发现，经过一定时间吐出的奶虽然变成了豆腐脑样，但绝对没有奶以外的东西（例如，黄色的胆汁、血液、带有便味的东西）。

>> 妈妈讲堂

新生儿喂哺后打嗝是常见的现象，打嗝使小儿很不舒服，并易吐奶。打嗝原因主要是在喂哺的同时吞进较多的冷空气，刺激了膈肌，引起膈肌的收缩痉挛所致。在新生儿打嗝时，可以将其抱起来，轻轻拍背，使吃进的空气慢慢排出后，打嗝即可停止。应尽量防止发生呕吐，如果有呕吐，应该正确处理，防止发生窒息意外。

如果连续呕吐混有黄绿色胆汁的奶，逐渐出现腹胀，并伴有高热时，应请医生检查。看病前，不要将呕吐物全部洗掉，应留些给医生看一看。

婴儿溢奶，是指奶汁自食道或胃径口溢出，一般冲力不大，且溢奶时不伴有腹肌的强烈收缩。

给宝宝喂水应注意什么

许多母亲在日常生活中喜欢给婴儿喂点开水、葡萄糖水。是否要喂水需根据喂养的方式来分别对待。

母乳喂养儿，不必喂水，因为母乳内含有正常婴儿所需要的水，并且婴儿单靠喝水是不会生长发育的。如果婴儿口渴，也应该让婴儿吸吮母乳。这样可以使婴儿从母乳中得到较多的所需要的水和营养物质。频繁吸吮也会增加母乳的分泌量。

人工喂养儿，以牛乳喂养的，因牛乳中含有过多的盐，故需要额外增加水。腹泻的婴儿，需要口服补液，必须喂水。当腹泻停止时，就要停止加水。一般情况，婴儿吃的奶水中所含的水足以满足他的日常需要。在孩子发烧的时候，或者在特别热的天气里，尤其当孩子的尿颜色很深，而且看上去特别口渴的时候，给孩子补充水倒是很重要的。即使孩子平时不爱喝水，在这些情况下他也会喝的。有些妈妈发现，在水中掺入一点儿果汁，孩子就更爱喝。

事实上，有很多孩子从一两个星期开始到大约1周岁的时候，根本就不需要专门补充水。在这个阶段，他们比较喜欢有营养的东西，所以，给他喝白水他会很生气。如果你的孩子喜欢喝水，那就一定要喂他喝，而且每天要喂几次。应该在他醒以后的两次吃奶之间喂水，千万不要在吃奶之前喂，他想喝多少就喂多少。但是一般情况下，他一次喝不了两盎司（约56克）。如果他不想喝水，切不可强迫他喝。

母乳质量巧改善

（1）早开奶，勤哺乳。开奶时间越早，越能刺激乳母分泌乳汁。断脐后，马上让母子皮肤直接接触，24小时内母婴同室。早开奶、多吸吮、按需哺乳是促进乳汁分泌的有效措施。不要因为最初几天乳汁不足，就放弃母乳喂养。因为母亲在分娩后2~7天正处在泌乳期，乳汁由少到多要有个过程，在此期间，只要给宝宝频繁哺乳，母乳就一定会多起来。

>> 妈妈讲堂

有的母亲放弃哺喂母乳主因分别有：缺乏奶水、担心宝宝吃不饱或不够营养、宝宝拒绝吸吮或吸吮时感到疼痛、体力不足、乳头酸痛或破皮、乳房肿胀疼痛、上班不方便等因素。

（2）食量充足，营养丰富。母乳是由母体营养转化而成，所以喂奶的妈妈应该食量充足，多进食营养丰富的食物，以满足自身需要和泌乳需要。乳母食物中蛋白质含量应该多一些，因为食物中的蛋白质仅有40%转化成母乳中的蛋白质。乳母还应摄入足够的热量和水、较多的钙、铁、维生素 B_1 和维生素C。此外，乳母不应偏食、挑食，否则会影响母乳质量。如果肉、蛋、青菜吃得少，乳汁就会缺乏叶酸和维生素 B_{12} 使婴儿易患大细胞性贫血。

乳母一般每天应吃粗粮500克，牛奶250克，鸡蛋两个，蔬菜500克，水果250克，油50克，适量的肉类和豆制品。

(3) 保持心情稳定。泌乳和排乳受中枢神经系统和内分泌调节，不良情绪刺激会干扰这种调节作用。所以，乳母应力求保持轻松愉快的情绪。

(4) 避免疲劳。产妇在分娩时，精神、体力消耗极大，需要较长时间的恢复。然而许多母亲需昼夜照料孩子，得不到充分的休息，就会影响泌乳的质量。所以，丈夫和家人要多分担孩子的护理工作，使妻子有较多的时间休息。

休息不等于卧床，乳母也应进行适度活动，才有助于身体恢复，也有助于泌乳。

(5) 谨慎用药。许多药物都能通过乳汁进入婴儿体内，所以，母亲用药要慎之又慎，最好按医生指导用药。

应该避免使用下列药物：地西泮（安定）、异烟肼、可待因、氯霉素、红霉素、四环素、磺胺类药、氯丙嗪、阿托品、阿司匹林、苯巴比妥等。

(6) 不要喂水，让婴儿吸橡皮奶嘴。母乳中的营养成分和水能满足新生宝宝生长发育的全部需要，不必再加糖水、菜水和其他代乳品。

蛋白质的补充

宝宝身体长得快，需要更多蛋白质，蛋白质是一切生命的物质基础，是维持人体健康和促进身体发育的先决条件。

蛋白质是人体的建筑材料，所有器官都是蛋白质的有机组合，比如脑细胞的增殖就需要大量的蛋白质，因此，0～1岁脑发育高峰的宝宝对蛋白质需求的量与质要求都很高。

此外，蛋白质还承担着营养素的输送、提高免疫力、修复人体组织的工作。

蛋白质由25种氨基酸组成。氨基酸是一种含氮分子，连接成不同的片段，这些片段又相互组合，形成了不同种类的蛋白质，最终构成了人体的细胞与器官。

最佳食物来源：豆类、鱼类、肉类、蛋类、奶类等都是蛋白质和必需氨基酸的最佳食物来源。

宝宝拒绝吃奶该怎么办

在为新生儿哺乳时，通常会遇到宝宝拒绝吃奶的现象，其原因和解决方法大致如下：

(1) 妈妈的乳房可能因为肿胀（乳汁过多、有疼痛感、变硬）而使新生儿很难吸吮。遇到这种情况，妈妈可以用一块温热柔软洁净的棉布热敷乳房或用热水浸泡乳房以减轻肿胀，也可以用吸奶器吸出一些乳汁，使乳房松软，乳汁畅通。这样一来，新生儿就比较容易吸吮乳头，不会拒绝妈妈的乳房了。

（2）妈妈的乳汁可能流出得太快，新生儿吸吮时常常呛着，因此，就拒绝吃妈妈的乳汁。这时，妈妈可以先挤出一些乳汁，减轻乳房压力，使乳汁流出不至于太冲；另外就是用中指和食指夹住乳房，以减小乳汁的流量，这样，就不至于呛着新生儿，宝宝就不会拒绝妈妈的乳房了。

（3）妈妈的乳房可能盖在新生儿的鼻孔上，使宝宝因呼吸困难而拒绝妈妈的乳房。这时，妈妈只需轻轻地将乳房移开宝宝的脸，宝宝就会愿意吃奶了。

（4）宝宝的鼻子可能不通气，吸吮时呼吸受阻而影响吃奶。解决的办法，清除宝宝鼻腔分泌物或遵医嘱使用一些滴鼻剂。宝宝鼻子通气了，自然就会吃奶了。

>> 妈妈讲堂

随时给宝宝喂母乳。一开始不必硬性规定喂母乳的次数、间隔和喂奶量，应该是每当宝宝啼哭或觉得该喂了就抱起喂母乳，宝宝能吃多少就吃多少，这样可使妈妈体内的催乳素的分泌增多，从而使泌乳量增加，并且还可预防妈妈发生乳腺炎，避免影响宝宝吃母乳。如果妈妈身体虚弱或伤口疼痛，可以采用侧卧位喂奶，但日后不宜经常躺着给宝宝喂奶，否则会影响宝宝下颌发育，日后引起畸形。

新生儿不宜使用的药物

（1）四环素类。该类药物较易沉积于骨组织中，阻碍骨骼发育。

（2）卡那霉素、庆大霉素类。用此类药物治疗不要超过 10 天，以免损伤听神经及肾功能。

（3）链霉素。该药物对听神经亦有影响，对肾脏也不利。

（4）氯霉素。该药物可抑制骨髓，并发灰白色综合征。

（5）维生素 K_4 和维生素 K_3、磺胺类药物、新生霉素、三乙酰竹桃霉素、伯胺喹啉等。这些都易引起新生儿黄疸现象。

（6）哌替啶（杜冷丁）、吗啡、可卡因。这些药物对敏感者易引起中毒。

应当注意哺乳期用药

在服任何药物之前，乳母应了解此种药品会不会对孩子造成危害，最好能征求一下医生的意见，用药时应坚持以下原则：能局部用药的就不要全身用药，能用中药治疗的则不用西药，能口服的不要打针，能用老牌药品的就不要用刚研制出的新药。

在用药时应尽量避免在血中药物浓度高时哺乳，如服药前哺乳要比服药后哺乳要好，每天用 1 次药时，应当在晚上睡前服用，夜间可喂 1 次牛奶。

在服药时应与医生商讨关于母乳喂养的有关问题。如果确需短时内应用某些药物，对孩子的危害又较大，可暂停母乳喂养。等药物从母体中全部排出或代谢完之后，再恢复母乳喂养；若患有恶性肿瘤、精神病、甲状腺功能亢进等慢性或严重疾病时，应停止母乳喂养。

>> 温馨提示

小儿的皮肤娇嫩，角质层发育差，血管丰富，故局部涂药有极强的吸收和渗透能力。因此，为避免皮肤损伤和吸收中毒，在给小儿使用外用药物时家长要多加注意。对于刚出生不久的新生儿，切忌使用氧化锌软膏、硬膏剂以及胶布等贴敷在皮肤上，否则容易引起接触性皮炎；小儿患皮肤病或进行皮肤消毒时，一般不宜使用刺激性很强的药物（如碘酒）。

影响母乳成分的因素

母乳的成分在不同时期差异很大，主要受以下因素的影响：

（1）饮食因素。乳汁成分与乳母饮食质量有很大的关系。如果饮食量不足，乳汁中蛋白质、脂肪、维生素含量都比较低；饮食中如精大米太多，可引起乳汁中 B 族维生素的不足；膳食平衡，汁充足，质量亦好。

（2）精神因素。乳母的忧愁善感、惊恐愤怒、精疲力竭都能使泌乳量减少，质量也差，婴儿食后会引起呕吐腹泻，消化不良。

（3）服药。乳母服药，大部分的药物均可以从乳汁中排出，各种药物都有不同的不良反应，故乳母用药必须在医生的指导下，选择安全可靠的药物，以减少对乳儿的影响。

（4）疾病。乳母患各种急慢性疾病均可以影响乳汁的质和量，细菌及毒素可以通过乳汁使少儿致病，故必须引起注意。

（5）月经。有少数乳母在月经期间乳汁会略有变化，乳汁中所含的脂肪减少，蛋白质稍增高，但月经期过后又恢复正常。

继续母乳喂养

刚满月的宝宝胃口很大，食欲良好，生长发育也很快。满月后，宝宝会逐渐形成吃奶的规律，会让妈妈的哺乳工作更加得心应手。每天哺喂 5 次就可以了。此时的宝宝更加讨人喜欢了，他喜欢吃完奶后仍躺在妈妈怀里撒娇，但需注意的是，不能让宝宝心不在焉，边吃边玩，这样会养成吃奶无规律的习惯。宝宝开始能分清白天和黑夜，晚上睡前让宝宝吃好，他可能一觉睡到天亮。

对于那些吸吮能力较弱或在喂奶时哭闹的宝宝，在吃奶时往往吃几口就睡了，妈妈应将乳头动几下，刺激宝宝唇部，使之继续吃奶。一定要注意，让宝宝一次吃饱，否则宝宝等不到下次吃奶时间就饿了，又会哭闹。等哭累了，吃奶时又会吃几口就睡，形成不良的生活习惯，既影响宝宝的生长发育，又影响妈妈的生活。

>> 妈妈讲堂

预防乳头痛的关键措施是纠正不正确的哺乳姿势。要帮助婴儿含住乳头和乳晕，也就是待婴儿张大嘴时，母亲主动把乳头和乳晕一起送进婴儿的嘴内。

宝宝能不能吃别人的奶

吃别人的奶是日本很早以前就有的习俗。对于不能提供母乳的婴儿，在没有牛奶的时代，作为代乳品的只有用米粉做的稠米汤，这种既不含蛋白质、也不含维生素的食物不能使孩子健康成长。人们知道了吃母亲以外人的奶可以很好地养育婴儿以后，就形成了吃别人奶的习俗，出现了家庭富裕的人雇用奶母的现象。由于通过授乳可以感染艾滋病，所以现在这种现象已经很少了。

以前曾有过把产院中乳汁分泌好的母亲的奶的剩余部分装到器皿中喂给未成熟婴儿的制作方法，现在也已经停止了。因为在进行艾滋病病毒的低温杀菌的同时，会使消化母乳中脂肪酶的活性降低，易引起婴儿腹泻。

不过有特殊情况时也可以吃别人的奶。如未成熟的婴儿出院时母乳已经没有了，这时如果母亲的姐妹有授乳能力，而且就住在附近，那么吃别人的奶就比吃牛奶好。至少要坚持让婴儿吃 3 个月，婴儿之间月龄不同也没有关系。不方便时也可以把奶挤到器皿中带给孩子吃。

孩子在 1 ~2 个月时死亡，其母亲的乳汁虽然分泌得还很充足，但是不能让别的孩子吃她的奶，因为在 1 ~2 个月死亡的婴儿，有患先天性梅毒的可能。

新生儿脂肪的补充

脂肪特别是不饱和脂肪有益于宝宝身体健康及大脑发育。被称为脑黄金的 DHA 就是一种不饱和脂肪，选择并食用正确的脂肪是至关重要的。宝宝大脑的 60% 是脂肪，如果妈妈想让宝宝健康、聪明，这 60% 脂肪中的 1/3 就必须来自不饱和脂肪。

虽然我们的身体可以把饱和脂肪和单不饱和脂肪当成能量吸收，但它们并不是必不可少的营养素。而不饱和脂肪却是身体和大脑发育不可或缺的。

肉类主要含有饱和脂肪、单不饱和脂肪以及少量的不饱和脂肪，所以它并不是不饱和脂肪酸的最佳来源。最佳的健脑食物是含有较多不饱和脂肪酸（如 DHA、AA）的鱼类、蛋类、坚果类食品。

双胞胎新生儿的喂养方法

双胞胎新生儿绝大多数是不足月分娩，发育不成熟。双胞胎儿的胃容量小，消化能力差，因此应采取少量多餐的喂养方法。

双胞胎出生后 12 小时，就要喂哺 50% 的糖水 20 ~50 克。这是因为双胞胎儿体内糖源储备不足，若饥饿时间过长，可能会发生低血糖，影响大脑的发育，甚至危及生命。

第 2 个小时内可喂 1 ~3 次母乳。此后，体重不足 1500 克的新生儿，每 2 个小时喂奶 1 次，每 24 小时要喂奶 12 次；体重 1500 ~2000 克的新生儿，夜间可减少 2 次，每 24 小时喂奶 10 次；体重 2000 克以上的新生儿，每 24 小时要喂奶 8 次，每 3 个小时喂奶 1 次。采用这种喂奶方法是因为双胞胎新生儿身体瘦而轻，热量散失较多，热量需要按体重计算比单胎足月儿多。

若是母乳不够用，可用牛奶和水配成1∶1或1∶2的稀释奶，再加5%的糖水喂给宝宝。

双胞胎新生儿全身器官发育不够成熟，血浆丙种球蛋白低，对各种感染抵抗力弱，因此，在喂养时要特别注意卫生，奶头、奶瓶均要保持清洁。

宝宝患有麻疹的饮食禁忌

禁忌食物

（1）生冷瓜果及寒凉蔬果类：花生米、绿豆、菊花、荸荠、白菜、黄瓜、芋头、竹笋、油菜、苦瓜、小米、西瓜、梨、豆豉、豆浆、菱角、莲藕、柿子、橘子、桑椹、百合、菠菜、香蕉、冬瓜。

（2）寒凉鱼肉类：袋鼠肉、鳗鱼、螃蟹、蛤蜊、牡蛎、田鸡、龟、蚌肉、鸭肉。

（3）辛燥食物：辣椒、辣酱、洋葱、胡椒粉、咖喱粉、酒、咖啡、可可、浓茶、味精、芥末、大蒜、生姜、韭菜、香菜、芹菜、八角、海鳗、酸菜、酸醋、过甜的糖果、过咸的食物等都能助火伤津。

（4）油煎、油炸及不消化的食物：油条、油饼、麻球、炸猪排、炸牛排及海中贝壳类食物，如蛤蜊、蚌肉，蚶子等。

食物调养和建议

（1）甘蔗榨成汁约100毫升，粳米100克，煮粥食用。

（2）煮丝瓜汤，可以预防麻疹的发生。

（3）多喝水或稀释的水果汁。

（4）清淡且富含维生素A的食物。

（5）富含维生素C的食物。

（6）多喝白茅根煮的水。

第二章

新生儿断奶营养食谱

众所周知，母乳含有丰富的营养物质，是宝宝的最佳食物，一旦断掉母乳，必须及时补充色香味俱全并且营养丰富的辅食，才能满足宝宝的成长所需。并且，断奶的时候，宝宝很容易产生胃肠不适和免疫力低下造成的各种各样的问题。于是断奶期辅食更加需要精心烹制。

肝泥粥

【原料】

鸡肝20克，米20克，水1大杯。

【制作方法】

（1）鸡肝去膜、去筋，剁碎成泥状备用。

（2）米加水煮开后，改用小火，加盖焖煮至烂，拌入肝泥，再煮开即可。

肉末胡萝卜汤

【原料】

新鲜瘦肉50克，胡萝卜150~200克，盐、葱、姜、白糖各少许。

【制作方法】

（1）瘦肉洗净剁成细末，加盐和调料，蒸熟或炒熟。

（2）胡萝卜洗净，切成大块，放入锅中煮烂，捞出挤压成糊状，再放回原汤中煮沸，用白糖调味。

（3）将熟肉末加入胡萝卜汤中拌匀。

蔬菜豆腐泥

【原料】

胡萝卜5克，嫩豆腐1/6块，荷兰豆50克，蛋黄半个，水1小杯。

【制作方法】

（1）将胡萝卜去皮，与荷兰豆烫熟后，都切成极小的块。

（2）将水与（1）料放入小锅，嫩豆腐边捣碎边加进去，煮到汤汁变少，最后将蛋黄打散加入锅里煮熟即可。

奶油豆腐

【原料】

豆腐1/6块，奶油半杯，盐少许。

【制作方法】

（1）将豆腐切成小块。

（2）将豆腐与奶油同煮，煮熟之后加适量盐调味。

南瓜羹

【原料】

甜南瓜10克，肉汤3大匙。

【制作方法】

（1）将南瓜去皮去瓤，切成小块。

（2）将南瓜放入锅中倒入肉汤煮。

（3）边煮边将南瓜捣碎，煮至稀软。

骨汤面

【原料】

猪或牛胫骨或脊骨200克，龙须面5克，青菜50克，精盐少许，米醋数滴。

【制作方法】

（1）将骨砸碎，放入冷水中用中火熬煮，煮沸后酌加米醋，继续煮30分钟。

（2）将骨弃去，取清汤，将龙须面下入骨汤中，将洗净、切碎的青菜加入汤中煮至面熟，加少许精盐搅匀即成。

牛奶麦片粥

【原料】

麦片50克，牛奶25克，水果25克，白糖适量。

【制作方法】

（1）将麦片用水泡软，水果洗净切碎。

（2）将泡好的麦片连水倒入锅内，置火上烧开，煮2~3分钟后，加入牛奶，再煮5~6分钟。

（3）待麦片酥烂，稀稠适度，加入切碎的水果、白糖略煮一下，盛入碗内即成。

营养功效

牛奶麦片粥软烂适口，果香味浓，含有婴儿发育所需的蛋白质、脂肪、糖类、钙、磷、铁和维生素A、维生素B_1、维生素B_2、维生素C及烟酸等多种营养素。适合7个月以上婴儿食用。

蒲公英粥

【原料】

蒲公英40~60克（或带根的鲜蒲公英60~90克），大米50~100克。

【制作方法】

（1）取干蒲公英洗净、切碎，放入砂锅内加水煎取药汁，去渣。

（2）然后放入大米和水，用大火煮沸，后改用小火煮30分钟即成稀粥。

核桃汁

【原料】

核桃仁100克，白糖少许。

【制作方法】

（1）将核桃仁放入温水中浸泡5~6分钟，去皮。

（2）用食品加工机把核桃仁磨碎成浆汁，用干净的纱布过滤，使核桃汁流入小盆内。

（3）把核桃汁倒入锅中，加适量清水（或牛奶），加入微量白糖调味，烧沸即成。

菜泥

【原料】

蔬菜如小白菜，或纤维少的南瓜、马铃薯适量。

【制作方法】

（1）选嫩叶蔬菜如小白菜，或纤维少的南瓜、马铃薯等，洗净切小段或小块。

（2）入水煮熟后，捞出置于碗中，用汤匙刮下或压成泥状即可。

米汤

【原料】

大米10克。

【制作方法】

（1）将大米3大匙洗净用水泡开，放入锅中加入三四杯水煮，文火煮至水减半时关火。

（2）将煮好的米粥过滤，只留米汤，微温时即可喂食。

苹果泥

【原料】

苹果1个。

【制作方法】

（1）将苹果洗净去皮、切半，用研磨板磨成泥状，盛在碗中。

（2）用不锈钢勺刮成泥，直接喂给宝宝吃。

牛奶香蕉糊

【原料】

香蕉1个，牛奶30克，玉米面、白糖少许。

【制作方法】

（1）将香蕉20克去皮后捣碎。

（2）玉米面5克（要选择研磨得极细的玉米面），白糖4克，连同牛奶放入小锅内搅匀。

（3）锅置火上，加热煮沸后，改文火并不断搅拌。以防糊锅底和外溢，待玉米糊煮熟后放入捣碎的香蕉调匀即成。

果泥

【原料】

易于制作的水果。

【制作方法】

（1）选果肉多、纤维少的水果，例如，香蕉、木瓜、苹果等，洗净去皮。

（2）用汤匙挖出果肉并压成泥状即可。

牛奶玉米粥

【原料】

牛奶250克，玉米粉50克，鲜奶油10克，黄油5克，精盐5克，肉豆蔻适量。

【制作方法】

（1）将牛奶倒入锅中，加入精盐和碎肉豆蔻，用小火煮开，撒入玉米粉，用小火再煮3～5分钟，并用勺不停地搅和，直至变稠。

（2）将粥倒入碗内，加入黄油和鲜奶油，搅匀，晾凉后喂食。制作要点是：用牛奶加玉米粉熬粥，不宜用大火，要用小火熬。

（3）粥盛入小碗内后，再加入黄油和奶油搅匀。

营养功效

黏稠，味美适口。含有丰富优质蛋白质、脂肪、糖类、钙、磷、铁及维生素A、维生素D、维生素B_1、维生素B_2和烟酸等。

薯蓉

【原料】

马铃薯1个，大米适量。

【制作方法】

（1）马铃薯削去皮，洗净切薄片。

（2）当饭煲至大滚时，把马铃薯放在饭里煮，饭熟马铃薯发黏，将马铃薯搓成薯蓉。

（3）汤适合婴儿食用的，除去汤面的油及渣。

（4）薯蓉放入小煲内，加入适量的汤拌匀，煮成糊状。

蛋黄粥

【原料】

鸡蛋1个，大米适量。

【制作方法】

（1）当煮大人饭时，放米及水在煲内，用汤匙在中心挖一个洞，使中心的米多些水，煮成饭后，中心的米便成软饭，把适量的软饭搓成糊状。

（2）把适量的汤隔去渣，如鱼汤要特别小心以防有刺，除去汤面的油。

（3）把汤及饭糊放入小煲内煲滚，用慢火煲成稀糊状，然后放入1/4个熟蛋黄（要搓成蓉）搅匀煮沸即可。

蔬菜泥

【原料】

绿色蔬菜10克，牛奶、玉米粉适量。

【制作方法】

（1）将10克绿色蔬菜嫩叶部分煮熟或蒸熟，磨碎、过滤。

（2）取碎菜加少许水至锅中，边搅边煮。

（3）快好时，加入2汤匙牛奶和由1/5～1/4小匙玉米粉与等量水调好的玉米粉水，继续加热搅拌煮成泥状即可。

黄金米粥

【原料】

鲜玉米粒60克，糙米50克，精盐适量。

【制作方法】

（1）将玉米粒洗净，沥干，加3杯水放入果汁机打烂，滤渣取汁备用。

（2）糙米泡水6小时后，倒掉水，另加2杯水在果汁机里打烂，滤渣取汁。

（3）将所有原料放至锅中，用中小火以顺时针方向用打蛋器搅动直到煮开。再续煮5分钟呈浓稠状。熄火，待温喂食。

营养功效

玉米含蛋白质、纤维素、维生素B_1、钾、锌、叶酸、镁离子等，可加强肠胃的蠕动，而大量的谷氨酸还有健脑的作用。

鸡内金粥

【原料】

鸡内金3～6克，干橘皮2～3克，砂仁0.6～1.3克，粳米20～30克，白糖少许。

【制作方法】

（1）先将前3味一起研成细末。

（2）然后与粳米一同加适量清水共煮成粥，粥熟时调入白糖即可，待温服食。

党参炒米饮

【原料】

党参 5～10 克，炒米 15～30 克，红糖适量。

【制作方法】

（1）将党参、炒米同放锅内。

（2）加清水 4 碗，煎至 1 碗半，去渣取汁，加红糖调味，代饮料服用。

牛肚粥

【原料】

牛肚 25～50 克，大米 50～100 克，精盐、味精各少许。

【制作方法】

（1）将牛肚洗净，煮熟，切细；取大米淘净，加清水适量煮粥。

（2）待熟后调入牛肚、精盐、味精等，再煮一二沸即成，待温服食。

小米山药粥

【原料】

山药 30～45 克（鲜品 80～100 克），小米 30～50 克，白糖适量。

【制作方法】

（1）将山药洗净，捣碎或切片，与小米共煮成粥。

（2）熟后加白糖适量调匀，空腹温热服食。

山药瘦肉粥

【原料】

山药 15～30 克，瘦猪肉、大米各25～50克，葱白 1 根，生姜 1～2 片，葱花、姜末、精盐少许。

【制作方法】

（1）将山药去皮，洗净，剁末；瘦猪肉洗净，剁为碎末。

（2）先取大米淘净，加清水适量煮沸后，调入山药末与瘦猪肉末，待熟时加入葱花、姜末、精盐，再煮一二沸即成，趁温热服食。

山楂蜜膏

【原料】

山楂、蜂蜜各500克。

【制作方法】

（1）将山楂洗净，去核，切成薄片。

（2）加清水适量煮烂成糊，再加蜂蜜炼成膏。

山萸肉粥

【原料】

山萸肉20克，大米60克，白糖适量。

【制作方法】

（1）先将山萸肉洗净，去核，与洗净的大米放入砂锅，注入适量水同煮。

（2）待粥将熟时，加入白糖再稍煮即成。

营养功效

粥烂糯，微甜，婴儿喜吃。山萸肉味酸，性涩，微温，为滋补肝肾的良药，还含有苹果酸、酒石酸及维生素A等成分。与米煮成粥，有补益肝肾、健胃敛汗的功效。尤其对肝肾不足、发育迟缓、体弱多病、常出虚汗的患儿有一定作用。

猪肚粥

【原料】

熟猪肚60~80克，大米50~100克，葱花、姜末、精盐、味精各适量。

【制作方法】

（1）将猪肚切丝，大米淘净，一同放入锅中，加清水适量煮至粥熟。

（2）加入葱花、姜末、精盐、味精等调料，再煮一二沸即可，待温服食。

肝糊

【原料】

肝粉 15 克，鸡汤 15 毫升。

【制作方法】

将鸡汤放入锅内，加入肝粉，煮成糊状。

土豆鸡肉泥

【原料】

鸡肉 30 克，成品土豆泥半瓶。

【制作方法】

（1）将鸡肉切末，放在沸水中煮熟。

（2）土豆泥、鸡末、水均匀搅拌。

苹果米粉

【原料】

苹果半个，蔬菜米粉 1 大匙。

【制作方法】

（1）将新鲜苹果洗净，去核。

（2）把苹果切开，放在蒸锅里蒸熟。

（3）将蒸熟的苹果捣成泥，加米糊、水搅拌均匀。

豌豆泥白米粥

【原料】

豌豆泥半瓶，大米 50 克。

【制作方法】

（1）将大米淘洗干净。

（2）煮粥。豌豆泥与米粥搅拌均匀。

营养功效

豌豆中富含人体所需的各种营养物质，尤其是含有优质蛋白质，可以提高机体的抗病能力和康复能力，与米粥混合，宝宝更易消化吸收。

肝粉猪肉泥

【原料】

肝粉15克，瘦猪肉30克，姜汁、料酒、盐适量。

【制作方法】

（1）瘦猪肉洗净，并制成肉泥。

（2）将肉泥放入碗内，加水、料酒、姜汁、盐搅匀。

（3）上笼隔水蒸熟，拌入肝粉，便可给宝宝食用。

小白菜肝泥米糊

【原料】

小白菜20克，肝粉1袋，米粉1勺。

【制作方法】

（1）小白菜洗净，切成碎末。锅内盛水，烧开后，加入小白菜，煮5分钟。

（2）将米粉、肝粉倒入碗中，用煮好的蔬菜水调匀。

营养功效

小白菜中的维生素可保护皮肤黏膜，动物肝脏营养丰富，尤其含铁质多。此泥可帮助宝宝造血、通便。

浓米汤

【原料】

大米（小米、高粱米均可）适量。

【制作方法】

（1）将大米（小米、高粱米）淘洗干净。

（2）放入锅内，添入水，煮成烂粥，取米汤饮用（注：在上午10时喂奶间隔时添用，每天一次，每次2汤匙，以后逐渐增加到4汤匙）。

挂面汤

【原料】

挂面（龙须面），熟猪肝，鸡蛋，菠菜，白鸡汤（骨头汤），香油，酱油，精盐。

【制作方法】

（1）将猪肝切成末；菠菜择洗干净切末；挂面切成短段儿。

（2）将鸡汤倒入锅内，加入挂面、酱油、精盐一起煮，视挂面煮软后，加入肝末、菠菜稍煮，再将鸡蛋调散后淋入锅内，滴入香油出锅即成。

烂米粥

【原料】

大米（小米也可），适量。

【制作方法】

（1）将米淘洗干净，放入锅内，添入水。

（2）用旺火烧开后，转微火煮透，熬至熟烂成糊状时即成（注：每日可喂1~2次，每次一个婴儿1~2汤匙，逐渐增加到每次4汤匙，并可在粥内加蛋黄泥、肝末、鱼肉末等）。

肉末菜粥

【原料】

大米或小米，肉末，青菜，植物油，酱油，精盐，葱姜末，水少许。

【制作方法】

（1）将米淘洗干净，放入锅内，加入水，用旺火烧开后，转微火煮透，熬成粥。

（2）将青菜切碎，然后将油倒入锅内，下入肉末炒散，加入葱姜末、酱油炒匀，投入青菜炒几下，放入米粥内，加入精盐尝好味，再熬煮一下即成。

胡萝卜粥

【原料】

大米适量，胡萝卜数根（可按口味增减），食用油、葱花、花椒粉、盐、味精各少许。

【制作方法】

（1）胡萝卜洗净切成碎末。

（2）将食用油（最好是植物油）入锅中烧开后，放入葱花、花椒粉、胡萝卜末翻炒一下，倒入碗中待用。

（3）锅内加水烧开，将米洗净倒入锅中先用大火烧开，然后用小火慢煮，待米软后。再将炒的胡萝卜末倒入粥中。用勺子搅开，使米与胡萝卜混合均匀。用小火慢煮，注意不要使粥糊底。

（4）加适量盐（幼儿以口淡为好）。待米与胡萝卜等煮烂，即可停火。再入味精少许。

大米蛋花粥

【原料】

大米适量，鸡蛋 1～2 个，盐少许。

【制作方法】

（1）将水倒入锅内，烧开后，把洗净的大米倒入开水中。

（2）待锅再开时，改用小火慢煮，熬成稀粥。米多粥稠米少粥稀。米粥快煮好时，将鸡蛋打入，加入少许盐。

豌豆泥鸡蛋卷

【原料】

豌豆泥 1 瓶，鸡蛋 2 个，面粉、白糖、植物油、淀粉、白芝麻适量。

【制作方法】

（1）鸡蛋磕入碗中，加入湿淀粉拌匀，摊出圆形蛋皮。豌豆泥中拌入熟植物油、白糖，分成10份，捏搓成条形。

（2）将碗豆泥、鸡蛋混合，撒上白芝麻。锅中倒入油烧沸，逐条放入蛋卷，炸至芝麻呈微黄色，捞起。

营养功效

变着花样来，是避免宝宝挑食的好办法。豌豆中富含粗纤维，能促进大肠蠕动，保持大便能畅，起到清洁大肠的作用。

鸡蛋面片汤

【原料】

面粉，鸡蛋，菠菜，香油、酱油、精盐、味精各适量。

【制作方法】

（1）将面粉放入盆内，加入鸡蛋液，和成面团，揉好擀成薄片，切成小块待用；菠菜择洗干净切末。

（2）将锅内倒入适量水，放在火上烧开，然后把面片下入，煮好后，加入菠菜末、酱油、精盐、味精，滴入香油即成。

蔬菜汁

【原料】

菠菜（油菜、白菜均可）适量，精盐、清水各适量。

【制作方法】

（1）将菠菜、油菜、白菜任选一种，洗净，切碎。

（2）将钢锅放在火上，加入清水、碎菜，盖好锅盖烧开，稍煮，将锅离火，用汤匙压菜取汁，加入精盐少许，即可食用。

鸡肉粥

【原料】

大米50克，鸡肉末30克，植物油10克，酱油6克，精盐、葱末、姜末各少许，清水500克。

【制作方法】

（1）将大米淘洗干净，放入锅内，加清水用旺火煮开，转文火熬至黏稠。

（2）将锅置火上，放入油，下鸡肉末炒散，加入葱姜末、酱油搅匀，倒入米粥锅内，加入精盐调好口味，用文火煮几分钟即成。

蛋黄米粉

【原料】

鸡蛋1个，米粉1匙。

【制作方法】

（1）鸡蛋煮熟取蛋黄。

（2）将蛋黄放入小碗中，捻碎并调匀。

（3）再放入米粉、水，搅拌均匀。

营养功效

蛋黄中有大量的磷，还有不少的铁。同时，鸡蛋中所有的卵磷脂均来自蛋黄。所以，婴儿的第一种辅食往往就是鸡蛋黄。加点米粉可以帮助宝宝适应蛋黄。4个月的宝宝可以从蛋黄米粉开始。

鸡肝泥

【原料】

鸡肝50克，鸡架汤适量，酱油、蜂蜜各少许。

【制作方法】

（1）将鸡肝放入水中煮，除去血后再换水煮10分钟，取出，剥去鸡肝外皮，将肝放入碗内研碎。

（2）将鸡架汤放入锅内；加入研碎的鸡肝，煮成糊状，加入少许酱油和蜂蜜，搅匀即成。

土豆泥

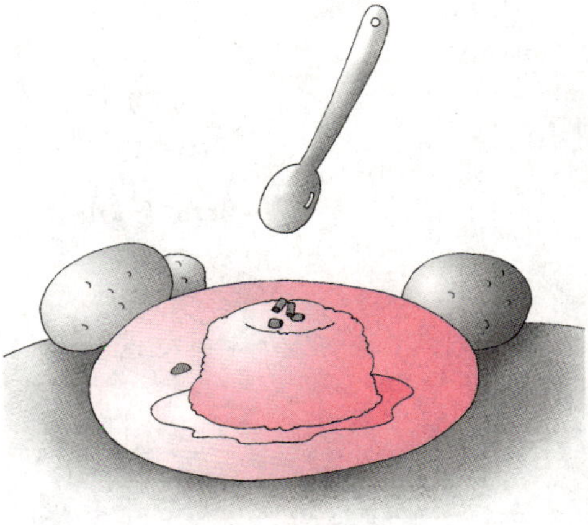

【原料】

土豆，精盐，葱花，花椒面，植物油。

【制作方法】

（1）土豆洗净，放入锅中用水煮透煮熟。

（2）将煮熟的土豆捞出，趁热剥去皮。

（3）锅内放入植物油，待油烧热后倒入花椒面再将剥了皮的土豆倒入锅内。略加一勺开水，改用小火。用勺子将土豆压碎成泥，再加入葱花、精盐反复翻炒，使咸味均匀，停火加入味精再翻搅几下，即可食用。

南瓜泥

【原料】

南瓜（也叫窝瓜），土豆，葱花，猪油，味精（南瓜与土豆的比例以2∶1或3∶1为宜）

【制作方法】

（1）将南瓜与土豆蒸透蒸熟取出，趁热剥去土豆皮。用筷子弄下南瓜肉。壳皮扔掉不用。

（2）锅中加少量猪油，把南瓜、剥了皮的土豆一同下锅，用菜勺将南瓜与土豆挤压成泥，如果太干可加少量开水调和。

（3）把剩下大部分猪油、葱花、精盐、味精一齐入锅，拌匀停火。

牛奶香蕉糊

【原料】

熟透的香蕉20克，牛奶30克，玉米面5克，白糖少许。

【制作方法】

（1）将香蕉去皮后用勺子研碎待用。

（2）将牛奶倒入锅内，加入玉米面和白糖，边煮边搅拌均匀，煮好后倒入研碎的香蕉中调匀即可。

青豌豆拌土豆泥

【原料】

豌豆 20 克，土豆泥半瓶。

【制作方法】

（1）豌豆剥皮、冲洗，放入热油锅中炒熟，研碎。

（2）将豌豆与土豆泥搅拌均匀。

西瓜汁

【原料】

西瓜瓤 100 克，白糖 10 克。

【制作方法】

（1）先将西瓜瓤放入碗中，用匙捣烂，再用消毒纱布过滤。

（2）然后在汁内加入白糖，调匀即成。

营养功效

西瓜汁甜味美，凉爽可口，是消夏解渴的佳品，有“天然白虎汤”“夏日瓜果之王”之称。西瓜含有丰富的维生素 C、果糖、葡萄糖、蔗糖，并含有多种氨基酸、磷酸、苹果酸和钙、磷、铁等成分，具有清热解暑的作用，尤适宜婴儿夏季饮用。

大米粥

【原料】

精米 50 克，白糖适量。

【制作方法】

（1）把米淘洗干净。

（2）锅置火上，加入清水适量，烧开，放入大米，用微火煮成烂粥，然后滤去粗渣，再加入白糖搅匀即可喂食。

牛奶粥

【原料】

牛奶 100 克，大米 50 克，水 400 克。

【制作方法】

（1）将大米淘洗干净，用水泡 1 ~2 小时。

（2）锅置火上，放水烧开，下入大米微火煮 30 分钟至黏稠，加入牛奶再煮片刻即成。

玉米粥

【原料】

玉米细面 50 克，白糖适量。

【制作方法】

（1）锅置火上，放入适量的清水烧沸。

（2）然后下入已被清水浸湿的玉米面，不断地搅拌，煮至熟、黏稠时停火，冷却后，加入白糖搅匀即可喂食。

鲜味汤粥

【原料】

大米、肉汤（猪肉、鸡肉、牛肉、排骨）、胡萝卜适量。

【制作方法】

（1）将胡萝卜加工成碎末，将大米淘洗干净，加入肉汤和胡萝卜末旺火煮开。

（2）改用文火煮 30 分钟即可。

牛奶蛋黄粥

【原料】

大米 10 克（约 1 小勺），牛奶 50 克（约 1 大勺），蛋黄 1/4 个，白糖少许。

【制作方法】

（1）将大米淘洗干净，加入适量水煮开，开锅后改文火煮 30 分钟，

（2）在出锅前把牛奶和蛋黄（蛋黄用小勺背面研碎）加入粥再稍煮片刻出锅，再加入少许白糖即可。

白糖芝麻糊

【原料】

粳米 250 克，白糖 100 克，黑芝麻 100 克，香油 50 克。

【制作方法】

（1）粳米拣去杂物，淘洗干净，放入清水中浸透。

（2）黑芝麻拣去杂物，淘净。

（3）锅置火上，放油少许，烧热后放芝麻炒出香味，倒入浸透的粳米中搅拌，用小石磨带水磨成米浆。

（4）锅置火上，放清水适量，加入香油和白糖（用量的 1/4），烧沸之后，倒入米浆总量的 1/4，边倒边用勺搅拌，直至糊状，即可喂食。

营养功效

黑芝麻含脂肪油可达 60%，油中含油酸、亚油酸、维生素 E 等。另外还含叶酸、烟酸、卵磷脂、蛋白质和多量钙。黑芝麻为滋补强壮食品，具有滋补肝肾、润燥滑肠作用。黑芝麻与大米合用，能供给钙等矿物质，促进食欲，增强消化功能，有利骨骼、大脑的发育。

什锦蔬菜粥

【原料】

小米 10 克（约 1 小勺），大米 10 克（约 1 小勺），蔬菜（一般用深色菜，如小白菜、圆白菜、油菜、菠菜、大白菜、生菜等）适量，香油少许。

【制作方法】

（1）把大米和小米混合在一起淘洗干净，放入温水上火煮开。

（2）开锅后改用文火煮 20 分钟后放入青菜末，再煮 10 分钟放少许香油即可食用。

蛋黄泥

【原料】

鸡蛋 1 个，精盐、开水各少许。

【制作方法】

（1）将鸡蛋洗净，放入锅中煮熟，剥去蛋皮、蛋白，取其蛋黄，加入开水少许，用匙搅烂即成。

（2）也可将蛋黄用牛奶、米汤、菜水等（略加糖）调成糊状，即可食用。

鸡茸南瓜泥

【原料】

去皮南瓜（研碎）50 克，鸡肉末 25 克，虾皮汤 200 克。

【制作方法】

（1）往鸡肉末里加入少许虾皮汤上火煮开，煮开锅后把虾皮捞出切碎。

（2）把南瓜末放入少许开水上火煮软后，再加入鸡肉末煮一会儿，把虾皮末倒入锅内煮至黏稠状出锅即可食用。

鱼肉末

【原料】

净鱼肉 100 克（鲤鱼、草鱼均可），精盐 1 克。

【制作方法】

（1）将鱼肉去皮，去骨刺，放入盘内，上锅蒸熟。

（2）将鱼肉取出捣烂，加少许盐拌匀即成。

（3）同烂米粥或面片一起食用。

蔬果饼干泥

【原料】

研碎的胡萝卜25克，研碎的苹果15克，牛奶50克，饼干末、白糖各少许。

【制作方法】

（1）取适量肉汤加入研碎的胡萝卜，煮开锅。

（2）把研碎的苹果放入锅内再煮片刻，煮至黏稠状再加入牛奶和饼干末用小勺调匀，停火出锅后放入少许白糖即可。

虾肉泥

【原料】

鲜虾肉50克，麻油1克，精盐适量。

【制作方法】

（1）将鲜虾肉洗净，切成碎末状，放碗内，加水少许，上笼蒸熟。

（2）加精盐、麻油调味后搅匀即可。制作时要将虾皮剥净，虾肉要蒸熟。

山药大枣泥

【原料】

干大枣50克，山药50克，白糖15克，糖桂花适量。

【制作方法】

（1）将山药连皮蒸烂后，去皮；枣去核蒸烂。先将山药压成泥，放入盘中。

（2）把枣挤成枣泥，然后把枣泥堆放在山药泥上面，最上层放少许用糖桂花、白糖煮成的浆即可。

鱼泥

【原料】

净鲜鱼肉 50 克，麻油 2 克，酱油、精盐各适量。

【制作方法】

（1）将净鱼肉放入碗内，加入适量的水、酱油、精盐，隔水蒸熟，去净鱼刺，再把鱼肉搅烂成泥。

或（2）将鱼洗净后，去刺，放在菜板上剁成泥状，放入碗内，加入少许酱油、精盐、麻油，调匀后蒸熟喂食。

营养功效

软而香，含有丰富的蛋白质、脂肪。其脂肪多为不饱和脂肪酸，具有较好的健脑作用，对婴儿脑部发育尤为有益。此外，鱼泥还含有较多的钙、磷、铁及维生素 B_1、维生素 B_2 和烟酸等营养素，有助于促进生长。

大白菜肉末

【原料】

肉末 10 克，葱头 5 克，大白菜 10 克，肉汤、湿淀粉、酱油各适量。

【制作方法】

（1）将葱头切末，大白菜用沸水焯后切末，将肉末和葱头末放入锅内，加入少许肉汤煮。

（2）煮软后再加入大白菜稍煮片刻，加入酱油调味，用湿淀粉勾芡成糊状即成。

蒸番茄

【原料】

番茄 50 克，黄油 2 克，白酱油 5 克，芹菜适量。

【制作方法】

（1）将番茄洗净，用开水烫一下，剥去外皮，切成薄片；芹菜切末。把黄油放入碗内，加入番茄，然后上火蒸。

（2）番茄变软后加入白酱油再蒸 1～2 分钟，熟时，撒上芹菜末即成。

煮鸡蛋

【原料】

鸡蛋 1 个，乳汁或开水适量。

【制作方法】

（1）将鸡蛋放入冷水锅内，用大火烧开后，转用小火煮熟。去蛋白，专用蛋黄。

（2）吃时可将蛋黄用调羹压碎成泥，加入乳汁或开水和成稀浆，以小匙喂食。

碎菜

【原料】

油菜（菠菜、白菜也可）30 克，植物油 5 克，酱油、味精、精盐各适量。

【制作方法】

（1）将菜洗净，切碎待用。锅内加入油，热后倒入酱油。

（2）随即放入碎菜，用大火急炒，待菜烂时即可。

鱼肉松粥

【原料】

大米 125 克，鱼肉松 5 克，菠菜 50 克，精盐 2 克。

【制作方法】

（1）将大米淘洗干净，放入锅内，倒入 1250 克水用大火煮开，再转为微火煮至黏稠，备用。

（2）将菠菜用开水烫一下，捞出沥水，切成碎末，放入锅中粥内，加入鱼肉松、精盐，调好口味，用微火再煮几分钟即成。

鱼香粥

【原料】

大米 30 克，木耳 1 片，青菜叶 2 片，番茄 20 克，鱼肉适量。

【制作方法】

（1）将大米洗净，浸泡在水中待用；木耳切碎粒。将鱼肉汆烫泡水，沥干后切碎。青菜去梗留叶切碎，番茄切碎丁。

（2）锅中放入浸泡过的大米及泡米水，将锅上火煮开，依序将木耳、鱼肉放入米锅里煮 5 分钟，番茄放入煮 3 分钟。

（3）粥熟时将青菜叶及调味料入锅，焖煮 3 分钟后熄火。

猪肝粥

【原料】

大米 50 克，生猪肝 250 克，酱油 50 克，精盐 5 克，葱 2 段，大茴香 2 瓣，花椒 10 粒。

【制作方法】

（1）将猪肝洗净，放入锅内，加入开水（以漫过猪肝为度）、大茴香、花椒、葱段、生姜片、酱油、精盐开锅煮熟后捞出。将熟猪肝剁成极细的颗粒，即为肝末。

（2）将大米洗净后，放入水中浸泡片刻，再将大米和泡米水放入锅内煮成粥。将适量猪肝末放入粥锅内搅拌，再略煮片刻。将猪肝煮熟即可，煮的时间不要过长，以免煮老。

（3）熄火晾温后即可喂食。

胡萝卜泥土豆泥饭

【原料】

土豆泥 1 匙，胡萝卜泥 1 匙，米饭 2 匙。

【制作方法】

（1）将大米焖熟，取出，并研成糊。

（2）土豆泥、胡萝卜泥、米糊拌匀。

营养功效

9 个月的宝宝尝点蔬菜米饭，不仅可以满足宝宝对营养的需求，而且可以逐渐锻炼宝宝对食物的兴趣，为断奶做好准备。适合 9 个月以上的宝宝食用。

鸡肝粥

【原料】

大米 30 克，鸡肝 15 克，鸡汤、酱油适量。

【制作方法】

（1）将大米洗净放入水中浸泡片刻备用。将鸡肝放入水中煮，除去血后再换水煮 10 分钟，取出剥去鸡肝外皮，将肝放入碗内研碎。

（2）将鸡汤放入锅内，加入浸泡好的大米，煮粥。粥快熟时加入研碎的鸡肝，继续煮至粥稠，加入少许酱油，搅匀即成。

脊肉粥

【原料】

脊肉 100 克，大米 100 克，精盐、麻油各适量。

【制作方法】

（1）先将脊肉洗净，切成肉末，放锅内用麻油炒一下备用。大米洗净，放入水中浸泡半天。

（2）取锅一口，放入大米和炒好的脊肉末，加适量水置火上煮粥。待粥将烂熟时，放入盐调味，再煮沸即成。

草莓乳糕

【原料】

玉米面 10 克，牛奶 100 克，草莓酱、蜂蜜各适量。

【制作方法】

（1）将玉米面和牛奶放入锅内，均匀混合后用微火煮，边煮边搅拌，呈糊状时加入蜂蜜，再煮1~2分钟。

（2）把玉米牛奶糊煮好后，倒入造型容器内放凉，使其呈冻胶状，再将草莓果酱抹在上面即成。

火腿马铃薯泥

【原料】

马铃薯100克，熟瘦火腿肉10克，黄油2克。

【制作方法】

（1）将马铃薯去皮洗净，切成小块，放入锅内，加入适量的水煮烂，用汤匙捣成泥状。

（2）将熟瘦火腿肉切成碎末，备用。把马铃薯泥盛入小盘内，加入熟瘦火腿肉碎末，拌匀即可食用。

蛋黄马铃薯泥

【原料】

熟蛋黄1个，马铃薯50克，牛奶25克，白糖8克。

【制作方法】

（1）将马铃薯去皮，切成丁，加适量水煮熟烂，放入熟鸡蛋黄一起捣烂成泥。

（2）再倒入牛奶和白糖搅拌，并用小火边煮边翻动，直至呈泥状即可。

香蕉乳酪糊

【原料】

香蕉半根，天然乳酪25克，鸡蛋1个（蛋黄1/4），牛奶适量，胡萝卜少许。

【制作方法】

（1）鸡蛋连壳煮熟，取出用冷水浸一会儿，去壳，取出1/4只蛋黄，压成泥状。

（2）香蕉去皮，用羹匙压成泥状。

（3）胡萝卜去皮，用滚水烫熟，磨成胡萝卜泥。

（4）把蛋黄泥、香蕉泥、胡萝卜泥、天然乳酪混合，再加入牛奶调成浓度适当的糊，放在锅内，煮开后再烧一会儿即成。

营养功效

牛奶、乳酪含有丰富蛋白质和钙质等。香蕉含蛋白质、脂肪、碳水化合物、果酸、钙、磷、钾及维生素A、维生素B、维生素C、维生素E等。此糊适宜4个月以上婴儿食用，有利大脑、骨骼等各器官的生长发育。

虾皮紫菜蛋汤

【原料】

紫菜10克，虾皮5克，鸡蛋1个，香菜5克，花生油10克，精盐2克，葱花5克，姜末2克，香油2克。

【制作方法】

（1）油烧热，将葱、姜末煸炒，放入汤，烧开。

（2）加入紫菜、虾皮及适量盐，烧开。

（3）放入鸡蛋汁，撒上香菜即成。

海米冬瓜汤

【原料】

海米15克，冬瓜100克，肉汤、葱花、姜末、味精、盐、油。

【制作方法】

（1）油烧热，煸炒葱姜末及海米，加入肉汤烧开。

（2）放入冬瓜、盐，煮熟，放入味精即可。

豆沙包

【原料】

面粉 400 克，面肥 100 克，豆沙馅 300 克，碱面 3 克，温水 200 克。

【制作方法】

（1）将面粉放入盆内，加入面肥、温水和成面团，待酵面发起，加入碱液，揉匀，稍饧。

（2）将面团搓成条，按 25 克 1 个揪成面剂，将剂按扁，擀成中间稍厚、边缘稍薄的小圆皮。然后左手托皮，右手打馅，收紧剂口呈馒头状，最后用手轻轻压成稍扁圆形。

（3）把生坯摆入屉内，用旺火蒸 15 分钟即熟。

三鲜馅包子

【原料】

面粉 400 克，面肥 100 克，猪肉末 200 克，海米 100 克（水发），韭菜 100 克，香油 10 克，熟豆油 50 克，酱油 75 克，精盐 3 克，味精 4 克，姜末 10 克，碱面 3 克。

【制作方法】

（1）将面粉放入盆内，加入面肥、温水 200 克和成面团，待酵面发起加入碱液揉匀，稍饧。

（2）将海米切成细末放入盆内，加入猪肉末、酱油、精盐、味精和少许清水搅匀，最后加入香油、熟豆油、切碎的韭菜，拌匀，成为三鲜馅。

（3）将饧过的面团搓成条，揪成 50 克 1 个的面剂，擀成中间稍厚、边缘较薄的面皮，包入三鲜馅，捏成包子，码入屉内，上笼用旺火蒸 12 分钟即熟。

葱油虾仁面

【原料】

富强粉 500 克，虾仁 5 克，葱白 100 克，植物油 30 克，酱油 50 克，白糖 2 克，味精 4 克，精盐 6 克，淀粉 100 克。

【制作方法】

(1) 将富强粉放入盆内，加入凉水225克和成面团；把面团揉光，稍饧，擀成0.2厘米厚的薄片，边擀边撒上淀粉，擀好的面切成细面条待用。

(2) 将虾仁洗净，切成碎末，葱切成葱花。

(3) 将炒锅放在火上，烧热加入油，熬至冒烟时，下入葱花炝锅，出香味加入虾仁末炒一下，再加入酱油、白糖，略炒几下出锅。

(4) 将面条煮好后，捞入盛有酱油、精盐、味精的碗里，再将葱油虾仁分别加入面条碗内，拌匀即成。

新榨橘汁

【原料】

鲜橘2个，白砂糖少许。

【制作方法】

(1) 先将鲜橘清洗干净去皮然后切成两半，放入榨汁机内榨汁。

(2) 然后将鲜橘汁加水稀释，如感觉酸婴儿不爱喝，可加少许白糖。

营养功效

橘子含有丰富的苹果酸、柠檬酸、胡萝卜素、维生素 B_1、维生素 B_2、尼克酸、维生素C、蛋白质、粗纤维、果糖、葡萄糖、脂肪、铁、钙、磷等，特别是维生素C含量丰富。每日吃适量的橘子（或橘汁）有利于增进消化，提高健康水平。

炒心花

【原料】

猪心一个（重约150克），青蒜30克，熟猪油500克（实耗约50克），酱油10克，白糖3克，淀粉10克，葱末5克和食盐适量。

【制作方法】

(1) 洗净猪心，去尽下部筋络部分，剖开，洗去淤血，沿空隙切成厚片，再在肉面剞上十字刀纹（即放直切2/3深，调转一个角度与前刀纹成垂直，再切2/3深），最后切成小块，放在碗内加盐、水、淀粉搅拌。洗净青蒜，斜切成片备用。

（2）将锅置火上，放入猪油烧至六成熟，将猪心放入，至猪心变色时，捞出沥油。原锅重置于火上，锅内留少许油，放入葱末煸炒出香味，再放入蒜片煸炒，加酱油和少许水，用淀粉勾芡，倒入猪心，拌和均匀，洒入醋和少许熟猪油，翻炒即成。

五香猪腰

【原料】

猪腰（肾）400克，葱、姜等适量，白糖20克，酱油40克，香菜5克，香油8克。

【制作方法】

（1）将猪腰洗净，用刀划一刀口，撕去外面薄膜，两面剞上花刀，入沸水锅烫透，捞出洗净。

（2）把香菜择洗干净。将锅置火上，放入清水300毫升和葱、姜、白糖和酱油等，烧成卤汁后，放入猪腰待烧沸后，移至小火上卤透。

（3）再取出切成0.3厘米厚的片，装入盘中，浇上卤汁，淋上香油，盘边放香菜即成。

肉丝炒甜椒

【原料】

猪肉（瘦）100克，甜柿椒200克，鸡蛋1个，淀粉15克，植物油15克，葱、姜末、花椒水、盐适量。

【制作方法】

（1）将猪肉切成肉丝，甜椒切成细丝，鸡蛋液加入淀粉调成糊状，然后将肉丝放入混匀蛋糊，放入温油锅内，将肉丝熟透捞出。

（2）将热锅放入油，用葱、姜末炝锅，放入花椒水、肉丝、甜椒丝略炒，加入盐及适量水，炒透，勾入淀粉汁，淋香油即可。

西红柿炒鸡蛋

【原料】

西红柿 250 克，鸡蛋 2 个，植物油 50 克，白糖、食盐、淀粉适量。

【制作方法】

（1）把西红柿洗净去蒂后，切成象眼块。把鸡蛋打入碗内，加入适量盐搅匀，用热油炒散盛出。

（2）将油放入锅内烧热，放入西红柿、炒散的鸡蛋，翻炒均匀加入白糖、食盐后再炒几下，勾芡即成。

麦参粥

【原料】

麦冬 30 克，大米 100 克，冰糖适量。

【制作方法】

（1）将麦冬洗净，放在砂锅内，加水上火煎出汁，取汁待用。

（2）锅内加水，烧沸，加入洗过的大米煮粥，煮至半熟时，加入麦冬汁和冰糖，再煮成粥，即可。

营养功效

粥稠味甜。麦冬味甘、微苦，性微寒，有润肺止咳、益胃清心等作用，还含有葡萄糖、果糖、蔗糖、维生素 A 等成分，可用于夏日解热、消炎。与米同煮，明显增强其益胃养阴、清热除烦之功效。宝宝夏季热时食用甚宜。

炒红薯泥

【原料】

熟红心红薯 150 克，瓜子仁、核桃仁各 5 克，白糖 40 克，大油 25 克。

【制作方法】

（1）将红薯去皮，弄成泥状放碗内加水拌匀，把白糖、瓜子、核桃仁剁碎放入调匀。

（2）将锅放在火上，倒入大油，将红薯泥放入，用勺边炒边搅，炒至不粘锅、不粘勺时，盛在碗内，即可食用。

白菊花粥

【原料】

大米50克，白菊花6克，白糖适量。

【制作方法】

（1）将菊花烘干后，研为细末备用。将大米淘洗干净，放入锅中，添入水，煮成稀粥。

（2）待粥煮成时将菊花末缓缓调入，稍煮即好。

营养功效

白菊花具有散风热、清肝火、明目等功效，对秋季风热型感冒、心烦咽燥、目赤肿痛等有较好的治疗功效。婴儿食用此粥可以防止感冒的发生，同时还能提高免疫力。适合7个月以上婴儿食用。

海带炖豆腐

【原料】

豆腐200克，海带100克，精盐、姜末、葱花、豆油各适量。

【制作方法】

（1）先将海带用温水泡发，洗净，切成菱形片，豆腐切成大块，放入锅内加水煮沸，捞出晾凉，切成小方丁，待用。

（2）炒勺上火，放油烧热，用姜末、葱花炝勺，放入豆腐、海带，加入适量清水，烧沸后改用火炖，放入精盐，炖至海带熟烂即可。

牛奶蛋汤

【原料】

鸡蛋 1 个，牛奶 100 克，糖适量。

【制作方法】

（1）将鸡蛋的蛋白与蛋黄分开，可用打蛋器或筷子把蛋白搅和成泡状待用。

（2）在锅内加入牛奶、蛋黄，混合均匀后用微火煮一会儿，再用勺子一勺一勺地把调好的蛋白放入牛奶蛋黄锅内稍煮即可，然后放入适量糖即可食用。

黄豆排骨汤

【原料】

猪排骨 300 克，黄豆 100 克，精盐适量，味精少许。

【制作方法】

（1）将黄豆拣去杂质，用温水浸泡 24 小时，猪排骨洗净，切成小块。

（2）锅置火上，加适量清水，旺火烧沸，放入黄豆、排骨。用文火炖至黄豆、排骨烂熟，用精盐、味精调味即成。

油菜水

【原料】

鲜油菜 100 克，精盐少许。

【制作方法】

（1）锅内放 100 克左右的水烧沸。

（2）将洗净切碎的油菜放入，盖好锅盖烧开，煮烂，匙压菜取汁，加少许精盐，即可食用。

营养功效

油菜富含钙和胡萝卜素，还有蛋白质、脂肪、碳水化合物、粗纤维、铁、维生素 B_1、维生素 B_2、钾、钠等。油菜汁供给的钙和胡萝卜素对婴儿牙齿、骨骼的生长和预防婴儿软骨病都很有益。

奶汁豆腐

【原料】

豆腐100克，牛奶25克，胡萝卜、油菜适量，花生油25克，水淀粉5克，精盐、味精、姜丝、鲜汤各少许。

【制作方法】

（1）将胡萝卜、油菜叶洗净，分别切成1～3厘米见方的丁和片，用开水烫一下。

（2）将豆腐放入开水锅内烫透，捞出过凉，切成1～3厘米见方的丁。

（3）炒锅置火上，放入底油烧热，下豆腐丁，煎至呈黄色时，下入姜丝，添入牛奶和鲜汤，加入精盐、味精烧沸后，转小火加盖慢炖至水乳交融、奶香四溢时，转旺火，加入胡萝卜丁、油菜叶片，用水淀粉勾薄芡，盛入盘内即成。

蜜糖饼

【原料】

面粉250克，牛奶2.5杯，鸡蛋3个，奶油3汤匙，盐少许。

【制作方法】

（1）将3个蛋黄加半杯牛奶拌匀，加盐、糖和面粉。

（2）再加入奶油搅匀，逐渐倒入牛奶，同时加入打散的蛋白。

（3）平底锅抹油，将调好的料制成薄饼。吃时拌蜂蜜。

绿豆芽炒韭菜

【原料】

绿豆芽50克，韭菜15克，精盐半汤匙，酱油少许，食油少许。

【制作方法】

（1）将韭菜切成寸段。

（2）将油倒入炒锅中，烧至冒烟。

（3）将洗净的豆芽及韭菜同时放入锅中，炒几下，加入调料，大火炒2～3分钟即熟。

三鲜蛋羹

【原料】

鸡蛋、新鲜虾仁、做好的肉末，少许食盐。

【制作方法】

（1）把1~2个鸡蛋打入碗中，加少许食盐和凉开水打匀，放入锅中蒸熟。

（2）然后再切几个新鲜虾仁与炒好的肉菜末放进碗中搅匀，再继续蒸5~8分钟，停火后即可食用。

肉末豆腐

【原料】

豆腐100克，猪肉末25克，酱油7克，精盐2克，豆瓣酱3克，花生油7克，葱末3克，青蒜2克，姜末2克，淀粉2克，胡椒粉适量。

【制作方法】

（1）把豆腐用开水焯一下，捞出晾凉，切成小块，猪肉末搓碎，青蒜洗净，切末。

（2）锅置火上，放油烧热，下入猪肉末煸炒，至七八成熟时，把豆腐放入合炒片刻，再放入酱油、精盐、葱末、姜末、豆瓣酱及少量清水，烧至豆腐入味，再将调好的淀粉放入，起锅时加青蒜末，盛在碗内，撒上胡椒粉即可。吃时拌匀。

核桃汁

【原料】

核桃仁100克，白糖30克，清水适量。

【制作方法】

（1）将核桃仁放入温水中浸泡5~6分钟后，去皮。

（2）用多功能食品加工机将核桃磨碎成浆汁（或旧小石磨带水磨成核桃汁），用干净的纱布过滤，使核桃汁流入小盆内。

（3）把核桃汁倒入锅中，加适量清水（或牛奶），加入白砂糖烧沸，待温后即可喂食。

营养功效

核桃仁含丰富的油脂及蛋白质、粗纤维、胡萝卜素、维生素 B_1、维生素 B_2、尼克酸、铁、维生素 E 等，是营养丰富的滋补果品，又是健脑益智、美容长寿的良药。婴儿食此汁，可促进淀粉酶的分泌，润肠通便，提高营养素的吸收，有助于生长和大脑的发育。

韭菜炒肉

【原料】

韭菜 200 克，瘦猪肉 75 克，油、酱油、精盐各适量。

【制作方法】

（1）把韭菜洗净切成段，瘦猪肉切成细丝。

（2）勺内放油，油热时把肉丝放入勺内炒至半熟时加酱油、韭菜翻炒，再撒点精盐，炒熟盛入盘内。

饴糖大米粥

【原料】

饴糖 30 克，粳米 50 克，清水适量。

【制作方法】

（1）将粳米淘洗干净。

（2）锅置火上，放入清水，烧开后，再放入粳米，煮至粥熟，加入饴糖，再煮一会即可。

小麦粥

【原料】

小麦 30 ~60 克，粳米 100 克，大枣 5 枚。

【制作方法】

（1）将小麦洗净后，加水煮熟，捞去小麦取汁。

（2）再入粳米、大枣同煮。或将小麦捣碎，同枣、米煮粥食用。

混合菜糊

【原料】

土豆、胡萝卜、番茄、猪肝、瘦肉少许，食盐适量。

【制作方法】

（1）将瘦肉洗净切成肉末炒熟待用，将土豆、胡萝卜洗净，上锅蒸熟去皮压烂成泥。将猪肝压成泥状待用。

（2）番茄用开水烫去皮，切成碎块，放入锅中煸炒，再加上少许食盐与土豆、胡萝卜泥、肝泥和熟肉末一起炒熟后食用。

软煎鸡肝

【原料】

鸡肝 100 克，面粉少许，鸡蛋清、精盐、植物油各适量。

【制作方法】

（1）将鸡肝洗净，摘去胆囊，切成圆片，撒上精盐、面粉，蘸满蛋清液。

（2）锅置火上，放油烧热，下入鸡肝，煎至两面呈金黄色即可。

营养功效

鸡肝富含维生素 A、维生素 B_1、维生素 B_2、尼克酸、维生素 C、蛋白质、脂肪、糖类、钙、磷、铁等成分，有补肝益肾等功效。此菜鸡肝与蛋清等合用，营养丰富，能补充维生素 A、铁质等不足，具有大补气血、柔肝育阴、益聪明目、护肤美容等作用。适合婴幼儿食用。

虾皮紫菜蛋汤

【原料】

紫菜10克，虾皮5克，鸡蛋1个，香菜5克，花生油10克，精盐2克，葱花5克，姜末2克，香油2克。

【制作方法】

（1）油烧热，将葱、姜末煸炒，放入汤，烧开。

（2）加入紫菜、虾皮及适量盐，烧开。

（3）放入鸡蛋汁，撒上香菜即成。

海米冬瓜汤

【原料】

海米15克，冬瓜100克，肉汤、葱花、姜末、味精、盐、油。

【制作方法】

（1）油烧热，煸炒葱姜末及海米，加入肉汤烧开。

（2）放入冬瓜、盐，煮熟，放入味精即可。

栗子山药姜枣粥

【原料】

栗子30克，大枣30克，山药60克，生姜6克，粳米100克，红糖适量。

【制作方法】

（1）将栗子剥壳除皮，山药去皮洗净，大枣、生姜洗净，大米淘洗干净。

（2）锅置火上，放入适量清水，下大枣、山药、生姜、粳米同煮粥，粥成后加红糖调味。

营养功效

栗子健脾止泻，富有营养，大枣益气养血，山楂健脾和胃，生姜暖胃和中。此粥有温胃健脾、消滞止泻的作用。适用于婴儿消化不良、胃肠功能紊乱，或久泻不止、大便溏稀的疳积。早晚服食，连服7天为1疗程。

第三篇

1～2岁幼儿的健康厨房

第一章

1~2岁幼儿的喂养

1~2岁的幼儿吃哪些食物较好？这既要了解孩子在这一时期生长发育较快，对营养需求相对较多的特点，又要掌握此时期的孩子胃肠道消化、吸收功能尚未发育完善的特点，所以膳食以细、软、烂、易于消化、易于咀嚼为主。

幼儿1岁零1~3个月的营养方案

1岁的孩子喜欢把东西往地上扔，当你拣给他后。他还会再次扔到地上，并且越扔越高兴。13个月的孩子，不用扶就能自己行走了。15个月的时候，虽然走路的技巧大有提高，但还不会转弯，也不会突然止步，不会抬腿上楼梯，只能手脚并用向上爬，爬上去再站起来。

这个时候的宝宝已明显表现出不同的气质类型。有的温和安静，有的活泼好动，自我意识进一步增强。喜欢到户外玩耍，做一些户外的游戏，喜欢在小朋友多的地方玩，但一般还是各自玩耍，互不交往。还喜欢做没做过的事，对物体进行深入“探究”。一般来说，15个月的宝宝走路已经比较稳了，但自己还不会注意脚下，如果路面不平，则容易被绊倒，而且宝宝还经常会爬到沙发或椅子上，然后转过身来，自己坐好。他（她）喜欢能推拉会移动的玩具，喜欢玩球，并且能够成功地把大塑料球扔出去或踢出去。有的宝宝已会倒退着走。

宝宝处于以乳类为主食向普通食物转化的时期，这个阶段的哺喂原则是营养要全面，以保证宝宝身体生长需要，三餐热量要根据幼儿活动的规律合理分配，食物品种要多样化，一周内的食谱尽量不重复，以保证宝宝良好的食欲。

宝宝宜少吃的食物有：过咸的食物，含味精多的食物，含过氧化脂质的食物，如腊肉、熏鱼等，含铅的食物，如爆米花、松花蛋等，含铝的食物，如油条、油饼等。

>> 温馨提示

喂宝宝时，尽量不要用馒头蘸汤或软饭里加汤的方式。因为这样会导致宝宝咀嚼能力变差，同时汤水也会冲淡胃液，影响孩子肠胃的消化功能。长期这样喂宝宝，会造成营养不良。

幼儿1岁零4~6个月的喂养指导

1周岁半幼儿的体重可达10~11千克，身高可达80厘米，乳牙可萌出12~14颗，囟门闭合。小儿逐渐学会了独立行走，不用扶能蹲、能坐，能扶着栏杆爬台阶，能试着踢球、滚球，有目标地扔皮球，能说出自己的名字，能认识和指出身体的各部分。会玩玩具、倒小木球、搭2~4块积木、玩各种套叠玩具。会搬运东西，能绕过小障碍物走。会表示大小便，懂命令，会自己进食。

随着幼儿消化功能的不断完善，食物的种类和烹调方法将逐步过渡到与成人相同。1岁半的孩子还应注意选择营养丰富、容易消化的食品，以保证足够的营养，满足生长发育的需要。1岁半的小儿已经断奶，每天主餐吃饭，再加1~2顿点心。若晚餐吃得早，睡前最好再给孩子吃些牛奶等东西。

给孩子做饭，饭要软些，菜要切碎煮烂；油煎的食品不易消化，小儿不宜多吃；吃鱼时要去骨除刺，给孩子吃的东西一定要新鲜，瓜果要洗干净。孩子的碗、勺最好专用，用后洗净，每天消毒。孩子吃饭前要洗手，大人给孩子喂饭前也要洗手。

对于幼儿来说，奶类是其补充钙的最好来源，500毫升母乳中含钙170毫克，牛奶中含钙600毫克，羊奶中含钙700毫克，奶中的钙容易被消化吸收。蔬菜中含钙质高的是绿叶菜。如大家熟悉的油菜、雪里红、空心菜、大白菜等，食后吸收也比较好。给幼儿食用绿叶菜，最好洗净后用开水烫一下，这样可以去掉大部分的草酸，有利于钙的吸收。豆类含钙也比较丰富，每100克黄豆中含360毫克的钙质，每100克豆皮中含钙284毫克。含钙高的食品还有海带、虾皮、紫菜、麻酱、骨髓酱等。

>> 营养小贴士

幼儿1岁零4~6个月的消化器官尚在完善中，虽然已经在吃普通食物，但不能与成人饮食相同，应强调碎、软、新鲜，忌食煎炸、过甜、过咸、过酸和刺激性的食品。主食以谷类为主，要勤换花样，保证肉、蛋、奶各类蛋白质的供应，以满足这个时期身体发育的需要。

幼儿1岁7~9个月的营养方案

这时的宝宝体重正常均值为10.69~11.24千克，身长正常均值为82.2~83.46厘米，出牙12~20颗。20个月的时候，宝宝应该会跑了，尽管跑得还不太稳。有的宝宝也会自己上楼梯了。但下楼时一般还需要大人的帮扶，否则不太敢自己往下走。宝宝现在也能比较自如地把球用小脚踢出去了。大多数宝宝还不会双脚离地跳起，也不太会双手过肩抛球，但可以有意识地训练宝宝这方面的能力了。

这时宝宝对父母或经常照料自己的亲人会产生更多的依恋，如果宝宝对你非常依恋，那么你和宝宝的分别会让他（她）感到难过和不安。事先应告诉宝宝你要离开一段时间，不要突然离去，但是走的时候不要犹豫、不要回头，否则宝宝会更加不肯让你离去。

有的宝宝还表现出争强好斗的个性，会发生打人、推人、咬人等各种不良行为，以男宝宝的表现更为常见。对宝宝的这一行为一定要制止，但不要单纯用打的方式教育宝宝，这样有可能适得其反。要平静而坚决地告诉宝宝，小朋友之间使用武力任何时候都不是解决问题的办法，而且是绝不能容忍的，打人不是好孩子。有的宝宝开始对自己的外生殖器产生兴趣，就像对其他事物产生兴趣一样，自己总是自觉不自觉地用手去玩弄，对此父母不必大惊小怪，更不要因此在公共场合严厉斥责宝宝，只要用其他事情把宝宝的注意力吸引开即可。

这个阶段宝宝的乳牙已经大部分出齐，消化能力进一步提高。在膳食安排上可以比照成人的饮食内容。此后，乳品不再是宝宝的主食，但尽量保证每天饮用牛奶以获取更佳的蛋白质。宝宝的食品应当尽量细、软、烂，以利于营养成分的吸收。

>> 温馨提示

市售的乳酸菌饮料虽然也标明含有乳酸菌、牛奶等成分，并且也都冠以“某某奶”，但实际上其中只含有少量的牛奶。其中蛋白质、脂肪、铁及维生素的含量都远低于牛奶。比如，一般酸奶的蛋白质含量都在3%左右，而乳酸菌饮料只有1%。因此从营养价值上看，乳酸菌饮料远不如酸奶，绝对不能用乳酸菌饮料代替牛奶、酸奶来喂宝宝。

幼儿1岁零10个月~2岁的喂养指导

2周岁幼儿的体重可达12千克，身高可增至85厘米，萌出乳牙18~20颗。小儿可自己迈上小滑梯然后滑下，能迈过20厘米高的绳子，会迈门槛，会低头钻进矮门，能双脚跳，手的动作更准确，会用勺子吃饭。会说2~3字构成的句子，能完成简单的动作，如拾起地上的物品、搬运小凳子。能表达喜、怒、怕，懂简单的表情。

学会握笔在纸上随意画，会穿木珠，能搭4~8块积木。细心的父母会发现，宝宝这时更喜欢跟比自己年龄稍大的孩子玩，开始是在一旁很感兴趣地观察大孩子的游戏，想加入又不敢，总是拉着大人陪着自己和小朋友玩，慢慢地也敢跟着大孩子们跑来跑去了，但一般还不会与比自己大的孩子主动交流。如果你邀请一个宝宝熟悉并喜欢的小客人来家里玩。宝宝可能会很高兴。如果宝宝不习惯的话，说明你为他提供的这样的机会太少了。这时的宝宝还有一个特点，情绪波动比较大，一会儿要你抱，一会儿又要自己走。这时宝宝既有对亲人情感依恋的心理需要，也有独立自主的个性要求，这是造成宝宝矛盾心理的原因，使宝宝看起来有些喜怒无常。

>> 妈妈讲堂

2岁的宝宝，乳牙刚出齐或未完全出齐，咀嚼功能仍然很弱，据我国婴幼儿营养专家研究，6岁时的咀嚼效率才达到成人的40%，10岁时达75%。因此，在制作幼儿膳食及各种肉、菜等时，均要细碎、炖烂才易于幼儿咀嚼。

2岁以后的宝宝，应该逐渐增加食物的品种，使其适应更多的食物。应摄入充足的含碘食物，如海带、紫菜等。

1～2 岁幼儿饮食制作原则

幼儿的消化器官尚未发育成熟，咀嚼肌还远不如成人，咀嚼能力还很差；各种消化酶的活力和消化液的分泌量均不足，消化吸收能力也差。要照顾到幼儿的进食和消化能力，必须在食物烹调上下功夫。

（1）要做到碎、软、烂，面片汤、馄饨对小儿比较适合，面食以发面为好；鱼要剔除骨刺，再切成碎末或小丁；肉要加工切碎，斩断其纤维，再制成小丸子；花生、核桃要制成泥、酱。避免给小儿食用刺激性食物，如辣椒、胡椒、油炸食品。

（2）要尽可能多地保留食物中的营养素，必须注意烹饪方法，如挑选蔬菜要新鲜，不要泡在水里时间太长，应洗干净后再切，防止维生素的流失；胡萝卜要用油炒后食用，利于脂溶性维生素 A 的吸收。

（3）制作的膳食应小巧、精致、花样翻新。通过视觉、嗅觉、味觉等感官，传导到大脑皮层的食物神经中枢，引起反射性刺激，使小儿想吃，越吃越爱吃，从而保证幼儿足够的营养摄入量，促进小儿的生长发育。

（4）一日食谱举例。

早餐：大米豆粥、花卷、腐乳。

午餐：软米饭、肉末炒胡萝卜、黄瓜丁。

午点：水果、牛奶、煮鸡蛋。

晚餐：高汤水饺、甜橘 1 个。

晚点：牛奶做的小吃。

1～2 岁幼儿的饮食安排

孩子进入幼儿期之后，随着年龄的逐渐增长，随着小儿的乳牙依次长出，其咀嚼能力得到了逐渐加强。这个阶段的孩子生长发育仍处于较快时期，为了能满足其生长发育所需的均衡营养，必须为幼儿科学地安排饮食。

1~2岁的小儿，主食以米、面等谷类食物为主，谷类是热能的主要来源。蛋白质主要来自肉、蛋、乳类、鱼等食物；钙、铁和其他矿物质主要来自蔬菜，部分来自动物类食物；维生素主要来自水果、蔬菜。这个阶段的小儿，每天饮食中营养物质的供给量的要求是：蛋白质35~40克/千克，钙600毫克，铁10毫克，维生素A100~1300国际单位；胡萝卜素2~2.4毫克，硫胺素0.7毫克，核黄素（维生素B_2）0.6毫克，尼克酸（维生素B_3）7毫克，抗坏血酸30~35毫克。我们可以根据各种食物中营养素的含量，推算出每月的食物供应量。

因此，每日主食约100克，肉、鱼、蛋、奶约100克，青菜50~100克；两餐之间加些点心、水果，水果供应量50克左右。食物量不是固定不变的，如鱼、肉、蛋类吃得多些，便可少吃些豆制品；蔬菜供应多些，可以适当减些水果；副食吃得多些，主食可少吃一些等。因为1~2岁小儿的胃容量为200~300毫升，这就限定了小儿每次的进食量，故每日进餐次数4~5次，即每日三餐，两餐之间加些点心，每餐间隔时间为4小时。

1~2岁宝宝营养需要量

1周岁后的宝宝，乳牙逐渐萌出，可以吃烂饭、馒头、烂菜等多种食物。此时正值断奶后期，要注意平衡饮食，以防营养不良或肥胖，烹调仍应切碎煮烂，忌用油炸，并避免食用刺激性食品。由于宝宝的消化能力还比较弱，胃容量较成人小得多，因此对营养物质的需求相对较多。这就需要少量多餐，一般每日要安排“三餐二点”，并于晚间睡前1~2小时加1次牛奶，以保证每日的进食量。1~2岁的幼儿吃哪些食物较好？

（1）谷类食物。1~2岁小儿完全可以食用谷类食物，因此米饭、馒头、包子、馄饨、饺子等食品都会受小儿的欢迎，但应避免油炸食品。

（2）鲜鱼、奶制品及肉、蛋类。鲜鱼、奶制品及肉、蛋类均能够提供优质蛋白质、脂溶性维生素及微量元素，尤其是鸡蛋，营养价值高，易于消化，是宝宝的首选辅食。豆制品是我国传统食品，富含营养，是优质蛋白质来源。

（3）蔬菜。蔬菜类富含无机盐与维生素，如油菜、白菜、菠菜、芹菜、胡萝卜、土豆、冬瓜等均具有较高的营养价值。

（4）水果和坚果。水果类与坚果类，如西瓜、苹果、橘子、香蕉、花生、核桃等，不仅营养价值高，还颇受孩子们喜欢。

需要人工喂养的情况

虽然母乳有许许多多的优点，但在某些情况下是不宜进行母乳喂养的，这样就需要人工喂养。那么，在哪些情况下需要人工喂养呢？

如母亲患有严重的心脏病、精神病、智力低下、癫痫发作，无照料婴儿的能力；患严重肾功能不全，产后哺乳将加重母亲肾脏负担。在以上情况下，不能进行母乳喂养，应予人工喂养。但大多数疾病并不影响母乳喂养，如高血压、糖尿病、甲状腺功能亢进等，可在医生的指导下选择用药，做到既治疗乳母的疾病，又不影响婴儿健康。如果乳母患有活动性肺结核，则应在母亲接受抗结核治疗或预防性用药的前提下实行母乳喂养。对于梅毒、淋病，因在母亲出现临床症状之前，婴儿已接触了病原体，因此可以在母婴治疗的同时，继续母乳喂养，但要选择对婴儿影响小的药物。活动性乙肝或携带乙肝病毒的准妈妈可通过胎盘将病毒传播给胎儿。分娩时又可通过母血、羊水和阴道分泌物感染新生儿，新生儿于生后24小时内、1个月和6个月时分3次接受乙肝疫苗注射。故此类患者进行母乳喂养不会增加婴儿感染疾病的危险。对于乙肝e抗原阳性的母亲，则需给婴儿加注乙肝免疫球蛋白，酌情母乳喂养。甲型肝炎急性期伴黄疸时，可暂缓母乳喂养，待康复后可母乳喂养，且不需要应用免疫球蛋白。母亲患感冒时，可戴较厚的口罩直接喂奶或把奶挤出来喂。

>> 温馨提示

1~2岁幼儿发生营养不良比较多见，主要是因为断奶前后饮食安排不合理所致。如断乳后即以谷类作为食物，很少添加肉、禽、鱼等副食品，并不再给其饮用乳品，可使得生长迟缓或停顿，发生各种营养不良性疾病。故在断奶前后更应平衡膳食，以防引起营养不良。膳食次数与断奶前相同，即每日4~5次。烹调方法要注意切碎煮烂，切忌给幼儿喂食油炸或刺激性食品。

合理的辅食

与上一阶段不同，每添加一种断奶食品，妈妈总是心惊胆战地观察好几天，大部分食物已经被宝宝的小胃口所接受。

这个阶段，各式各样的辅食慢慢成为宝宝营养吸收的主要来源。这个阶段妈妈只要根据宝宝的个性特点做一些容易消化、营养全面、味淡且宝宝爱吃的饭菜就可以了。

宝宝从辅食中吸收的营养有三种用途。

（1）宝宝的活动量比成人高出许多，需要更多的能量来支持他对世界的探索。而心跳、呼吸、血液循环等身体正常的生理活动也需要能量。碳水化合物是能量的主要来源。

（2）合成和修补组织的营养。宝宝需要很多的营养来构造自己的身体。长骨骼需要长骨骼的营养，长肌肉需要长肌肉的营养，脑部发育、眼睛的发育、增强体质也同样需要相应的营养。蛋白质、脂肪等物质是合成和修补组织的主要营养素。

（3）调节生理功能。像心跳、呼吸、消化、吸收、排泄、神经控制、血液循环、肌肉收缩等各种生理活动能有序地进行，也来源于食物中的营养。随着宝宝的成长，奶类食品渐渐提供不了充足全面的营养物质。从食物中获得营养也是宝宝身体发展的必然。

>> 营养小贴士

辅食之米粉。一般指宝宝吃的米粉，分为有机、天然、普通级别三类。其中，有机米粉比天然米粉更加纯净。需要达到：耕种中禁止使用化学合成的农药、肥料、除草剂和生长素等；不使用基因工程技术；加工过程中不使用化学合成的食品防腐剂、添加剂、人工色素和用有机溶剂提取等；有机原料含量大于等于95%。

营养物质的其他作用

从“爬行小动物”到满地乱跑乱撞的小人儿，宝宝对所有的事物都充满了好奇，什么都想碰碰，什么都想摸摸。他会不停地玩弄彩色纸片；喜欢拿着笔到处涂鸦；也喜欢摸小动物和花草树木。

这些环境中却潜伏着影响宝宝生长发育的有害因子，比如彩色画笔中的铅、公共设施上的油漆、花草树木上的杀虫剂等。

饭前便后洗手是防止有害因子的有效方法；而矿物质如钙、铁、锌和维生素C与重金属之间有着此消彼长的代谢特点，它们通过代谢，可以把有毒物质清除出体外。

人工喂养要注意喂水

一般主张应该在两顿奶之间给婴儿喂些果汁或菜汁，小婴儿要多喝水。这种说法有的医生同意，而有的医生说不需要喂水。究竟要不要喂水？

前提是要明确孩子吃的是什么奶？是牛奶还是母奶？如果是牛奶喂养就要喂水。如果是母奶喂养就不用喂水，因为母奶中的水是足够小婴儿使用的。为什么喂牛奶的小儿需要喂水呢？

这要从两方面来说：一是小婴儿的肾脏功能还没有发育成熟。要让肾脏排出多余的矿物质，就需要一定量的水才能保证完成任务；二是从牛奶的成分来说，牛奶中的矿物质即钙、磷、钠、氯等物质要比母乳中的大3倍，这些矿物质吸收到体内后，多余的矿物质就需要通过肾脏由尿中排泄。为了保证体内矿物质的供需平衡，就要求肾脏排泄多余的矿物质，因而会带去大量水。明白这些道理以后，就清楚医生对喂牛奶的小儿强调多喂水的好处了。

婴幼儿所需的营养物质

为了维持宝宝的正常生理和满足生长发育的需要，每日必需供给宝宝六种人体不可缺少的营养物质。

1～2岁的幼儿：每日需要热能1100千卡（4.60兆焦），蛋白质35克，脂肪30～40克，碳水化合物140～150克，维生素A 300微克，维生素C 35毫克，维生素D 10微克，钙600毫克，铁10毫克，碘70微克。供给水的量为每天每千克体重120～140毫升。

幼儿消化系统的特点

幼儿时期宝宝的消化道生理功能与婴儿期有些不同。宝宝的胃容量较婴儿时有了一些增长，2岁的幼儿胃容量为400～500毫升，尽管如此，他们的胃容量仍较成人小得多，这就决定了他们每顿饭进食数量较少。一般2岁小儿每日需安排三餐一点，以保证其营养摄入。

随着乳牙的陆续萌出（一般到2岁半20颗牙出齐），咀嚼功能比婴儿期更成熟，但胃肠道的消化吸收功能比年长儿及成人仍较差。

随着乳牙的长出，食物以乳类为主转变为以粮食为主，进食鱼、肉、蔬菜及混合式的食品，膳食要求做到细、软、烂、碎，各种营养物质之间保持平衡关系，食品要多样化，味道适口，菜色美观，能促进幼儿的食欲。

虽然幼儿生长发育的速度较婴儿期相对减慢，但所需要的营养素物质并不减少，仍需供给营养丰富的食物。

>> 营养小贴士

幼儿食管有两个主要功能：一是推进食物和液体由口入胃；二是防止吞下期间胃内容物反流。新生儿和婴儿的食管呈漏斗状，纤弱、腺体缺乏、弹力组织及肌层尚不发达，食管下段贲门括约肌发育不成熟，控制能力差，常发生胃食管反流，绝大多数在8~10个月时症状消失。婴儿吸奶时常吞咽过多空气，易发生溢奶。

幼儿吃鸡蛋不能太多

1~2岁的宝宝，每天需要蛋白质40克左右，除普通食物外，每天添加1~2个鸡蛋就足够了。有的家长喜欢用开水冲鸡蛋加糖给宝宝吃，由于鸡蛋中的细菌和寄生虫卵不能完全被烫死，因而容易引起腹泻和寄生虫病。如果鸡蛋中有鼠伤寒沙门氏菌和肠炎沙门氏菌，宝

宝会因此而患肠炎，如鸡蛋中不含活菌而只有大量毒素存在，则表现为食物中毒。此外，民间有生鸡蛋治疗小儿便秘的说法，事实上，这样做不仅治不了便秘，还会发生弓形虫感染。这种病发病较急，全身各器官几乎均会受到侵犯，常常引起肺炎、心肌炎、斑丘疹、肌肉和关节疼痛、脑炎、脑膜炎等，甚至导致死亡。

小儿体内各种脏器都很娇嫩、脆弱，尤其是消化器官，其黏膜尚处于发育过程中，经不起强烈的刺激。对小儿而言，鸡蛋是一种难以消化的食物，不要认为吃得越多越好。给宝宝吃鸡蛋，一定要煮熟，以吃蒸蛋为好，不宜用开水冲鸡蛋，更不能给宝宝吃生鸡蛋。

有助预防龋齿的食物

很多妈妈认为，宝宝的乳牙终究要脱落，不用仔细保护。这种想法是不对的。乳牙是造就健康恒牙的重要基础。乳牙确保和维持恒牙生长的空间，乳牙脱落过早，可能会造成恒牙排列不整齐。

如果宝宝乳牙有龋齿，就会因牙疼无法好好咀嚼食物，逐渐养成不爱吃硬食和不爱咀嚼的不良习惯，从而导致宝宝偏食或食欲不振。

如果宝宝吃不好，不仅恒牙长不好，身体发育也会大受影响。妈妈一定要让宝宝在乳牙时期多咀嚼食物，以便锻炼宝宝下颚肌肉，促进骨骼发育。要想让宝宝拥有一口整齐雪白的牙齿，妈妈要让宝宝充分摄入牙齿所需的营养。

维生素 A 是牙齿中珐琅质的主要营养来源，维生素 C 是象牙质的营养来源。如果缺乏维生素 C，就容易出现牙龈出血。维生素 D 和钙是牙齿中石灰质的营养来源。

一定要让宝宝多吃富含蛋白质、维生素、钙质的食物，如牛奶和鸡蛋等。用牛奶和富含矿物质的食物做成的蔬菜汤是保障宝宝牙齿健康的靓汤。

需要补充药物性维生素的情况

维生素是人体必需的营养物质，对维持小儿的生长发育和生理功能起重要作用。会促进体内各种酶的合成或增强这些酶的活力，而维生素大多不能在人体内合成生产，需要不断从食物中摄取，长期摄入不足可引起体内各种维生素缺乏，患各种疾病，但摄入过量则可引起中毒，这些维生素包括维生素 A、维生素 B（B 族维生素的总称）、维生素 C、维生素 D、维生素 K、维生素 E 等。

>> 妈妈讲堂

小儿每天对各种维生素的需要量是有限的，如果孩子食欲正常，又不偏食。通常食物中的维生素即可满足孩子的需要，一般不需要补充药物性维生素。婴幼儿在冬季晒太阳较少，可适当口服补充维生素 D。

日常食物中含有各种不同的维生素，如肉、鱼、乳、蛋黄、动物肝脏等含有丰富的维生素 A、维生素 B；粮食尤其是小米、大米中，含有丰富的维生素 B、维生素 K；蔬菜、水果中含有丰富的维生素 C；植物油中含有维生素 E。维生素 D、维生素 K，除通过食物补充外，体内还可合成。皮肤中的脱氢胆固醇经过阳光中紫外线的照射可转变成维生素 D_3。肠道内的正常细菌可合成维生素 K，这些均可被人体利用。

营养调配

1. 以菜为主

这个时期，大部分宝宝都能从食物中摄取营养，只是尚不能充分消化这些食物。因此还必须做点适合宝宝吃的食物。

宝宝在发育期需要大量蛋白质、脂肪、淀粉、维生素、矿物质等。其中动物蛋白（牛奶、肉、鱼、蛋等）比较重要。因此，宝宝每餐都应该吃一点。豆类及其制品也是很好的蛋白质来源之一。总之，宝宝要多吃菜，每餐应相当于大人的 2/3 左右。宝宝吃的菜饭不要太硬或太生，烧得烂糊些，多放点油。

2. 多喝牛奶

鲜牛奶中含有丰富的蛋白质、矿物质、钙质等，在宝宝骨骼发育旺盛的幼儿

期里，是不可缺少的营养。

在这个时期最好每天喝 200 ~ 400 毫升牛奶，即 1 ~ 2 瓶。可以在吃点心时喝，也可以当饮料给宝宝喝，还可以用来煮菜。

3. 饮食时多时少

宝宝幼儿期饮食时多时少，也是吃饭时爱玩的时期。高兴时就多吃些，不高兴时就吃得少些。有时只吃饭，有时一天到晚只吃水果。作为父母，还是应该让宝宝吃配有淀粉、蛋白质、脂肪、蔬菜和水果等营养全面的饭菜。

在这个时期，要尽量让宝宝自己动手吃饭。虽然宝宝还不太会用勺子，容易把饭菜撒在桌上，可在桌面铺上塑料布，并让宝宝知道饭菜撒在桌上不好。

4. 关于宝宝挑食

1 岁以后，宝宝一般都会挑食，今天多吃一点，明天少吃一点，有时只吃这个，有时只吃那个。挑食过度就叫作偏食。宝宝不愿吃蔬菜时，可包在煎鸡蛋卷里或混在饭里，宝宝就能高高兴兴地吃下去。

培养宝宝良好的饮食习惯

（1）幼儿饮食习惯的好坏，关系着小儿以后的健康，从小开始培养良好的饮食习惯，对幼儿以后一生将大有益处。

（2）注意培养孩子良好的卫生习惯。饭前要洗手，不要用手抓东西吃，饭后要洗手、漱口、擦嘴巴。

（3）父母在吃饭时不要看电视，或边吃饭边说笑，吃饭时不能在孩子面前说不吃这个菜、不吃那个菜。孩子的许多习惯往往是从父母那里学来的，如偏食、挑食、吃零食等。

（4）要在固定的地方和安静的环境下进餐。孩子在吃饭时或饭前不要批评、打骂他们，也不要强迫他们进餐，避免引起孩子情绪紧张，影响其大脑皮质的功能，减退食欲。

（5）吃饭要定时、定量。每餐间隔最好是4小时左右，食量要固定。

（6）宽严适度，表扬与批评相结合。良好的饮食习惯是保证孩子健康成长的基础，从小养成良好的饮食习惯将有益于一生，因此应严格要求。孩子在2~3岁时，容易出现一些不良的苗头，父母应该及时发现并给予纠正，且不要认为“孩子还小，不懂事”而迁就。但同时还要善于表扬和鼓励，对孩子取得的进步要及时给予表扬。

>> 温馨提示

在孩子的婴幼儿期，就应喂食各种味道的食物。让舌头尽早接受各种味道的刺激，能促进味觉发育完善，产生良好的适应性。所以，年轻的父母要尽早给孩子品尝多种口味的饭菜。

宝宝总是断不了母乳怎么办

断奶前，要有意识地减少妈妈与宝宝相处的时间，增加爸爸照料宝宝的时间，给宝宝一个心理上的适应过程。刚断奶的一段时间里，宝宝会对妈妈比较黏，这个时候，爸爸可以多陪宝宝玩一玩。刚开始宝宝可能会不满，过几天就习以为常了。让宝宝明白爸爸一样会照顾他，而妈妈也一定会回来的。对爸爸的信任，会使宝宝减少对妈妈的依赖。断奶后期，母乳就要逐渐停止，即使母乳还很充足，除午睡前可喂宝宝一次外，其他时间就不要再喂宝宝了。有时尽管妈妈也作了努力，但宝宝还是断不了母乳，一天中总有一两次吃了母乳才睡觉，妈妈往往不忍心看到宝宝哭闹，就随着宝宝。这个时候，是否要采取强制性措施停止喂母乳，主要看喂母乳是否影响宝宝吃断乳食品。

宝宝虽然断不了母乳，但并不少吃断乳食品，对这样的宝宝，喂母乳也是可以的。

但对那些只想着吃母乳，而排斥断乳食品的宝宝，则必须要想办法，如果不采取一定的措施，宝宝将很难摄取到足够的营养。妈妈应该将食物烹制得色香味更佳，以吸引宝宝的饮食兴趣。

吃糖过多有害处

糖，几乎人人爱吃，特别是儿童。而有些家长疼爱孩子，怕孩子热量不够，常把糖当零食给孩子吃，一会儿给孩子一块糖果，一会儿给孩子一块巧克力或甜点心。有的家长发现孩子爱吃甜食，就顿顿甜粥、糖包，还喂孩子喝糖水，给孩子做菜也喜欢多放些糖，以为这样就可以增加营养。其实吃糖过多对孩子是有害的。其主要表现在如下几个方面：

（1）摄入过多的糖之后，过多的糖在体内可以转化为脂肪，导致小儿肥胖，成为心血管疾病的潜在诱因。

（2）糖只能供给热量，而无其他营养素价值。每天吃糖多时，其他营养物质的摄入势必减少，导致体内蛋白质、维生素、矿物质均缺乏，极易造成营养不良。

（3）糖吃多之后，会给口腔内的乳酸杆菌提供有利的活动条件。糖滞留在口腔内，容易被乳酸杆菌分解而产生酸，使牙齿脱钙，诱发龋齿的形成。

（4）糖吃多了，小儿就不想吃饭了。患了龋齿之后，孩子咀嚼时会疼痛，咀嚼无力，也会影响食欲，日子长了，就会因进食量减少而发生营养缺乏。

（5）糖吃多了，易使胃酸产生过多，使胃受刺激而患胃炎。

（6）吃惯甜食的小儿，往往不喜欢无甜味的食品，长期下去，也会导致食欲缺乏。

有助强壮骨骼的食物

有些宝宝易发生骨折，这让父母非常惊慌。宝宝易骨折的常见原因是缺钙和摄入过多糖分。要想让宝宝的骨骼正常发育，强健结实，就要想办法让宝宝摄入足够的钙质。

缺钙不仅使宝宝成长较慢，发育迟缓，还会导致宝宝情绪不稳定，养成坐立不安或暴躁易怒的性格。

宝宝缺钙的危害还有很多，如皮肤粗糙、失去弹性或头发干枯等。因此，妈妈一定要注意给宝宝补钙，最好的补钙方法就是通过食物摄取。

正在发育的孩子每天要喝两杯鲜牛奶，多吃奶酪、酸奶等奶制品。除奶制品外，银鱼、干虾、鸡蛋、大豆、豆腐、豆腐脑、海藻类食品和蔬菜都是很不错的钙质来源。

钙具有不易被人体吸收的缺点，因此要将含钙高的食品与含优质蛋白质或维生素C、维生素D的食品搭配起来食用，才有助于钙的吸收。

优质蛋白质不仅能促进钙的吸收，而且还能够与钙相结合，进一步提高营养价值。维生素C、维生素D也有助于钙的吸收，特别是维生素D，还具有将钙固着在骨骼中的作用。

糖分含量过高的饼干类食品会阻碍钙的吸收，还会软化骨骼，应尽量让宝宝少吃。

>> 温馨提示

强壮骨骼离不开两大关键营养：钙和维生素D。补钙还是以食补为佳。给宝宝补钙非常重要，这是很多父母都关心的话题。市场上有许多品种的钙剂，虽然有些广告中称其吸收率很高，但实际效果与期望值有一定差距。

添加蛋黄应注意什么

添加蛋黄的目的是添加铁，因为胎儿期储存的铁应在4~6个月时用完，必须从食物中添加。蛋黄是宝宝较容易接受的食物，但里面的铁被卵磷脂包裹，很难吸收，吸收率只有3%，如果与维生素C同时添加可以使铁吸收率增加4倍。新鲜的橙汁、柚汁、猕猴桃汁等富含维生素C，宝宝若能吃到半个橙子榨出来的汁，就足以使铁的吸收率达到12%。

在20天后应第一个添加的辅食是蛋黄，一般在每天上午，两次喂奶之间添加。先将鸡蛋煮熟，剥去蛋壳和蛋清，取蛋黄的四分之一，用新鲜榨取的橙汁3~4滴与蛋黄混合搅匀，用小勺喂宝宝。可以多喂一些用开水稀释的橙汁，把蛋黄吃净。观察大便，如果无腹泻及过敏反应，每过5~7天增加一些，大概月中每天吃半个蛋黄，月末前可加到每天1个，以后一直维持到周岁后再加蛋清，以免引起过敏反应。

不可以将蛋黄混入奶中，因为奶中含磷，

妨碍铁的吸收，所以安排在两顿奶之间喂服；更不能把未煮熟的蛋黄直接调入奶中，因为未经加热变性的蛋黄不但难以吸收，而且容易引起过敏反应。

不可以把蛋黄调入米糊中，因为谷物中有植酸，植酸会与铁结合形成不溶解的物质从大便中排出，影响铁的吸收。此外也不可用菜水和梨水调蛋黄，因为菜水、梨水等都含草酸，草酸也会与铁结成不溶解的物质而排出，影响铁的吸收。

油炸食品不宜多吃

油炸食品中炸薯条、炸土豆片是幼儿极喜爱的小食品，目前自选商场内还提供各种各样的供油炸制的半成品食物，例如，鸡块、羊肉串等。

它们为家庭制作油炸食品提供了极大的方便。这样一来，孩子吃油炸食品的机会就越来越多了。但是如果让幼儿经常食用油炸食品对他的正常发育是很不利的。

因为油炸食品在制作过程中，油的温度过高，会使得食物中所含有的维生素被大量地破坏，使宝宝失去了从这些食物中获取维生素的机会。如果在做油炸食物时反复使用以往使用过的剩余油，里面会含有 10 多种有毒的不挥发物质，对人体健康十分有害。另外，油炸食物也不好消化，易使孩子的胃部产生饱胀感，从而会影响宝宝摄取其他食物的兴趣，影响宝宝的食欲。

如果你想给宝宝吃炸油饼或炸油条，还要注意铝的摄入问题。我们知道，在制作油饼、油条的过程中必须加入明矾，明矾中含有铝的成分，铝的化合物是很容易被人体吸收的。铝的化合物到了体内，如果沉积在骨骼中，可使骨质变得疏松；如果沉积在大脑中，可使脑组织发生器质性改变，出现记忆力减退、智力下降等现象；如果沉积在皮肤中，可使皮肤弹性降低，皮肤褶皱增多等。

此外，铝还会使人食欲缺乏和消化不良，影响肠道对磷的吸收等。因此，家长不要经常用油条作幼儿的早餐，各种油炸食物也不宜多吃。

>> 营养小贴士

油炸食品在人们的日常饮食中占有很大的比重，由于其色香味美，香脆可口，颇令人喜爱。但是，婴幼儿却对油炸食品不宜过多食用。油炸食品经高温处理后，食物中的维生素和其他多种营养素均受到很大程度的破坏，营养价值明显下降，加之脂肪含量较多，食后很难消化吸收。

怎样培养宝宝自己用匙吃饭

小儿的运动发育有其规律性，从抬头、坐、爬、行走，发展到精细动作（握及捏弄动作）和眼手动作的协调。小儿一般5个月时就能用手抓物品并往嘴里放，10个多月时吃饭就想拿匙，并会拨弄食物，15个月时就会用匙取食物，这些动作的发展是逐渐变为精细并协调的。从小儿生活能力的培养及运动发育的角度来看，一般从1岁半后就要开始培养小儿自己用匙吃饭。那么，家长们应该怎样来培养呢？

首先要为小儿选择合适的餐具，并准备就餐时用的围嘴巾。匙的大小、匙把的长短都应适合小儿使用，以匙能放入口中，匙把以小儿能握住并不过长为宜。开始时小儿可以和家人一起共餐，小儿具有很强的模仿能力，当他置身在就餐的环境中时，就会很自然地学着周围人的样子来吃饭。最初他可能在匙中装不满食物，或在匙子未到达口部时掉落下来，弄到桌上、地上、身上，这时家长不应中止小儿自己用匙吃饭，而应让小儿坚持下去。这样天天练习，用不了多长时间，小儿就会对匙子使用自如，掉落食物的现象逐渐减少，并能很准确地将食物放到口中。

在培养小儿用匙吃饭的过程中，家长首先应注意的就是天天要让小儿练习，不能因为怕孩子吃不饱、饭菜放凉了以及怕弄脏了孩子的衣物等原因而停止。刚开始时小儿肯定会因自己用匙吃而吃得慢，吃不饱。这时，家长可以先盛很少的饭菜让小儿学着练习，练几分钟后家长再盛出热菜热饭喂小儿。经过一段时间，小儿就会自己吃得越来越多，而家长喂得越来越少，到了2岁左右时就可以让小儿独立吃饭了。同时还要注意培养小儿饭前洗手、固定座位、不边吃边玩等良好的饮食习惯。家长万万不可一切代劳，使小儿在这一时期失去学习基本生活本领的机会。

碳水化合物解析

碳水化合物被消化后转化为葡萄糖，是能量的主要来源；不能被消化吸收的碳水化合物就是我们常说的膳食纤维中的一种，它可以减少食物残渣在身体中停留的时间，保护肠道健康，全谷类食物、蔬菜、莱豆或者小扁豆等属于复杂的碳水化合物，水果中的碳水化合物是简单的碳水化合物。当宝宝吃了这些食物，身体就会消化这些食物，慢慢释放出其中的能量，让他有更充沛的精力去发现奇妙的世界。

除了给宝宝提供能量外，碳水化合物还提供膳食纤维，帮助宝宝清理肠道。

最佳食物来源，碳水化合物广泛存在于各种食物中，燕麦、大米、小米、大豆、扁豆、红薯、土豆、南瓜中含量比较高。

>> 温馨提示

对于简单碳水化合物，饮用牛奶和果汁，食用适量的水果是十分重要的。但食用糖和其他甜味剂会提供大量体内不需要的热量对健康有害。对于复杂碳水化合物，应避免仅仅食用低纤维碳水化合物，淀粉（如土豆）和精加工的谷物（如白米饭、通心粉和白面包）。这些食品中的碳水化合物会被身体迅速转化为单糖。

有助增强记忆和思维能力的食物

卵磷脂和 B 族维生素具有增强记忆力和思维能力的功效。富含卵磷脂的食品有大豆、鸡蛋、海鲜、肉类、肝、花生、香油等。富含维生素 B_1 的食品有猪肉、牛肉、牛奶、大豆等，富含维生素 B_2 的食品有肉类、海鲜、奶酪、鸡蛋等。

单一食物或单一营养物质无法提供宝宝大脑发育的全部营养，宝宝大脑发育所需的营养分布于各种食品中。

要想宝宝聪明健康，就应在宝宝大脑发育高峰期提供营养丰富的食品，让宝宝摄取到大脑发育所需的足够营养。

幼儿食品巧烹调

烹调婴幼儿食品时，不仅营养要合理均衡。还应兼顾小儿的生理特点，使小儿喜欢、爱吃。那么，如何做到合理烹调呢？

1. 形态各异、小巧玲珑

不论是馒头还是包子，或是其他别的食品，一定要小巧。小就是要将食物切碎做小，以照顾孩子的食量和咀嚼能力；巧就是形态各异，让孩子好奇、喜欢，增加食欲。

2. 色、香、味俱佳

色，即蔬菜、肉、蛋类保持本色或调成红色，如清炒蔬菜、炒蛋、红烧肉丸等；香，是指保持食物本身的维生素或蛋白质不变质，再加上各种调料使鱼、肉、蛋、菜各具其香，由于幼儿口淡，调料不宜太浓，不宜油炸味，幼儿喜欢鲜美、可口、清淡的菜肴，但偶尔增加几样味道稍浓的菜肴，如糖醋味等，有时更会引起孩子的好奇、兴趣和食欲。

3. 保持营养素

烹饪食品时，要避免营养物质流失。如蔬菜要快炒，少放盐，尽量避免维生素的流失。煮米饭宜用热水，淘洗要简单，使B族维生素得以保存。对含脂溶性维生素的蔬菜，炒时应适当多放点油，如炒胡萝卜丝，可以使维生素A的吸收率增高；炖排骨时在汤内稍加点醋，使钙溶解在汤中，更有利于小儿补钙。

>> 营养小贴士

据营养专家介绍，科学的宝宝早餐应该由三部分组成：蛋白质、脂肪和碳水化合物。比如，现在最常见的宝宝早餐是牛奶加鸡蛋、馒头加咸菜或是油条加豆浆等，这样看起来似乎是吃饱吃好了，实际上也有其不科学的地方，营养搭配不够均衡。

举例来说，光喝牛奶吃鸡蛋还不够，这里已经有了脂肪和蛋白质，但缺少碳水化合物，即提供热量的淀粉类食品，如果除牛奶、鸡蛋外再吃几片面包，营养就全面了。油条加豆浆的早餐缺少蛋白质，应该加一个鸡蛋。

如何为宝宝平衡膳食

人类所需的营养物质有40多种，营养工作者将它们按组成分类，概括为七大类，即蛋白质、脂肪、碳水化合物、矿物质、维生素、水和膳食纤维。粮食中主要含碳水化合物和维生素B，蔬菜中的维生素C、胡萝卜素、矿物质、纤维素的含量较为丰富，肉类中主要含蛋白质和脂肪。食物中营养物质含量的侧重，使得任何单一的天然食物都很难为人体提供所需要的全部营养物质，而食物的多样化可以做到这一点，从而达到平衡膳食、营养机体的作用。

平衡膳食即膳食所提供的热能、各种营养物质的质和量以及营养物质之间的比例要适合幼儿的需要。动物性蛋白质（包括肉、禽、鱼、奶、蛋等）的数量应不少于蛋白质总量的50%，如果做不到，则动物性蛋白质与豆类及其制品的数量不少于一日蛋白质总量的50%。如果幼儿断乳后，只给幼儿白米粥或汤泡饭，则由于不能供给足够的蛋白质、脂肪，幼儿的生长发育迟缓，抗病力降低。如果过分重视动物性食物，幼儿只吃肉、蛋、鱼等荤菜和奶，则会发生碳水化合物的供给不足，结果是不能保证能量供应，如很少吃蔬菜和水果，就会发生维生素、矿物质缺乏。

平衡膳食是通过各种食物的合理搭配及正确的喂养方法来实现的。谷类、肉和蛋类、蔬菜和水果以及奶类是构成平衡膳食的主要食物。谷类提供人体所需的碳水化合物、蛋白质及B族维生素等多种矿物质，猪肉、牛肉富含人体吸收率较高的血红素铁，蔬菜水果含有多种维生素及钾、钙、磷等矿物质，奶类除含优良蛋白质外，更是钙的优质来源。因为没有任何一种食物可以同时提供所有人体必需的营养物质，所以在为宝宝制定食谱时，需要注意以上各类食物的合理搭配。同时，也要经常变换烹调方式，尽量使口味多样化，增加宝宝的进食兴趣。比如婴儿期食用的菜泥、肉泥，在进入幼儿期后，可以改为烹调各类蔬菜、小肉丸、蛋羹、饺子等，还要注意不要让宝宝乱吃零食，以免影响正常食物的摄取。

>> 温馨提示

茶对于成人来讲，既强体又防病，但对于1岁半的宝宝，则不大适宜。

茶中含大量鞣酸，会干扰宝宝对食物中蛋白质、钙、锌、铁等的吸收，因而易导致缺乏蛋白质和矿物质元素，影响宝宝的正常发育。而且茶中少量的咖啡因会对宝宝的大脑产生一种强烈的刺激，易引起宝宝过度兴奋，长期饮用会引起多动症。等宝宝3岁以后，神经系统和消化系统功能增强，可以抵消上述消极影响时，才宜饮用茶。

宝宝营养不良怎么办

儿童营养不良可引起发育不良、消瘦、肥胖、贫血、脚气病、消化道疾病等，孩子出现上述病症时再判断孩子营养不良是非常容易的。但此时营养不良已经对孩子的身心健康产生了危害，不免为时过晚。所以应当抓住发病前的一些征兆，及早采取措施，防患于未然。如果孩子长期情绪多变，爱激动、喜欢吵闹或性情暴躁等，则是甜食吃得过多引起的；如果孩子性格忧郁，反应迟钝，表情麻木，则可能是缺乏蛋白质和维生素等；若是宝宝忧心忡忡，惊恐不安，失眠健忘，则表明体内B族维生素不足；若是宝宝不爱交往，行为怪僻、动作笨拙多为维生素C缺乏的信号；若是宝宝喜欢吃纸屑、泥土等异物，就与缺锌、铁、锰与微量元素有关；还有一部分肥胖宝宝因偏食、挑食导致某些微量营养物质摄入不足，使得脂肪不能正常代谢而只能积存于腹部与皮下导致肥胖。这就要注意少吃高脂肪食物以及多运动，还应粗细粮、荤素合理搭配。宝宝一旦发生营养不良应该及早诊断，早治疗效果较好。首先要找到病因，既按病因治疗，又要治疗有关的疾病与并发症。护理与饮食疗法是极为重要的，营养物质要符合需要又要适合其消化力，食物种类不宜变换过快，应由少到多、由简单到复杂逐步添加，保证一切食物要新鲜和清洁，要耐心地喂。注意皮肤及口腔清洁护理，也要注意护理眼部。

一旦有眼部干燥（维生素A缺乏）应及时治疗，因为发展下去是可以致盲（失明）的。另外要保温，防止受凉及呼吸道感染，安排好生活制度，定期测体重以观察增长情况，重症的营养不良最好住院治疗。

合理摄入脂肪食品

脂肪是产热量最高的营养物质，1克脂肪可以产生37800焦的能量，它比蛋白质或糖类氧化时所产生的能量要高出1.25倍。当人体从食物中摄入能量过多时，可以在体内转化为脂肪，并且以脂肪组织的形式储存起来，成为体脂。可以这样说，脂肪组织是储存能量的燃料库，在人体营养物质供应不足或需要突然增加时，就可以随时动用它，以保证对机体能量的供给。脂肪组织还有保暖作用，皮下脂肪层可以防止体温的散失，维持人体的正常体温。脂肪组织还具有保护组织和器官的功能，例如，心脏的周围、肾脏的周围、肠管之间都有较多脂肪组织，它可以防止这些器官受到外界的震动和损害。脂肪还是一种良好溶剂，促使人体吸收脂溶性维生素如维生素 A、维生素 D、维生素 E 等一些类脂质，如磷脂和胆固醇是形成人体细胞的重要物质，尤其在脑和神经组织中最多，是维持脑和神经系统功能不可缺少的物质；胆固醇又是胆汁的主要成分，缺乏时会影响对脂肪的消化。

>> 妈妈讲堂

脂肪进入人体后，被分解成脂肪酸。食物中的脂肪酸分为饱和脂肪酸和不饱和脂肪酸两类，有一些不饱和脂肪酸不能在人体内合成，即称其为必需脂肪酸。母乳和植物油中的不饱和脂肪酸含量高，母乳喂养和服用含有植物油的婴儿配方食品可以摄入较多的必需脂肪酸。所以，它们是脂肪营养价值较高的食品。

脂肪能够使人增加食欲，如果膳食中缺乏脂肪，幼儿往往食欲缺乏，体重增长减慢或不增长，皮肤干燥、脱屑，易患感染性疾病，甚至发生脂溶性维生素缺乏症；脂肪摄入过多，幼儿易发生肥胖症。因此，幼儿膳食中脂肪摄入一定要适量。

迄今为止脂肪的每天供给量，尚无统一规定，我国儿童营养学专家认为儿童脂肪供给量一般占每天热量供给量的 25% ~30% 为宜。

不可或缺的矿物质

矿物质也称无机盐，是构成身体组织的重要物质，矿物质对宝宝的身体发育也有着不可忽视的影响。

钙是构成骨骼和牙齿的主要成分，也是宝宝神经传导、控制肌肉伸缩能力的重要元素；铁也是对宝宝极为重要的矿物质，是血红蛋白和肌红蛋白的重要成分；锌是人体代谢途径中酶的组成成分，也是宝宝脑组织构成的主要元素。

1. 碘

碘是人体甲状腺素的基本成分，而甲状腺素对宝宝的生长发育、新陈代谢、精神状态起着很重要的作用。如果宝宝甲状腺素分泌不够，皮肤就会干燥，头发粗且稀少，身材矮且肥胖。富含碘的食物为海带、紫菜、海虾、海鱼、发菜、海蜇、菠菜、大白菜、玉米等。

2. 纳和钾

1岁以内宝宝摄入的钠主要来源于乳类及其他食物，1岁以后摄入的钠则主要来源于食盐。虽然宝宝的饮食应以清淡为主，但1岁以后的宝宝逐渐有了味觉经验，他可能会更喜欢稍有些咸味的食物，所以宝宝一般不会缺少钠。

钠的摄入量越高，钾的需要量就越大，它们共同维持着水平衡和适度的神经、肌肉冲动，所以有必要保持钠与钾摄入的平衡。钾的缺乏十分常见，宝宝缺钾会出现呕吐、腹胀、肌肉无力和食欲不振等症状。

富含钾的食物有荞麦、玉米、红薯、大豆、香蕉、海藻类等。

3. 锰

锰与体内20多种酶有关，锰还与黏多糖的合成紧密相关，黏多糖是软骨组织的组成成分，另外，脑功能的正常发挥也需要锰的参与。缺锰常会引起宝宝关节痛、皮肤瘙痒以及青少年期的生长痛。

锰的最佳来源有热带水果以及各种粗粮、豆类、核桃、花生、葵花子、芝麻等，绿叶蔬菜中含锰也较多，但大量的草酸也会影响人体对锰的吸收。鱼、蛋等含锰量不高，却易被人体吸收利用。所以，宝宝的饮食结构宜杂不宜偏。

>> 妈妈讲堂

矿物质对宝宝的健康也十分重要，如硼可以帮助人体利用钙，苹果、梨、葡萄中含有大量的硼；钼可以帮助清除体内自由基，降低化工制品和亚硫酸盐对人体不良反应，在动物的肝、肾及豆类中含有丰富的钼。妈妈最好不要用复合剂来补充，从食物中补充是最安全、最天然的。

4. 铬

它是葡萄糖耐量因子的重要组成。葡萄糖耐量因子在肝脏中，协助葡萄糖从血液运送至细胞。持续的压力或吃糖太多，都会消耗体内的铬。铬在各类粗粮、豆类、坚果等食物中含量很高，特别是蘑菇和芦笋。

5. 硒

硒是人体内的排毒剂，也被称为人体矿物质中的“抗癌之王”。它可以增强宝宝的免疫力，抵抗镉对肾、生殖腺和中枢神经发育的毒害，还可以和汞、锡、铊、铅等重金属结合，形成金属硒蛋白，从而达到解毒、排毒的作用。

硒也是宝宝易缺的矿物质，在海产品及芝麻中含有很多，芝麻碾碎后食用更易于硒的吸收。

第二章

1～2岁幼儿营养食谱

1周岁的幼儿大多已具备6～8颗牙齿，随年龄增大，乳牙渐次出齐，已具备较好的咀嚼功能，消化酶活力也增强。此时，乳类应为其辅助营养品，而不再作为主食。1～2岁的宝宝，饮食正逐渐开始向成人饮食过渡，因此食物的选择范围也将逐渐扩大。

双豆粥

【原料】

赤小豆50克，黄豆30克，糙米30克，葡萄糖适量。

【制作方法】

（1）将赤小豆、黄豆、糙米泡水6小时以上。赤小豆加适量水煮烂备用；糙米加适量水与黄豆一同放入果汁机中打烂，滤渣取汁置于炉上。

（2）用中小火，边煮边搅拌，煮开后，关火待温。黄豆糙米汁中放入葡萄糖，与焖烂的赤小豆粒（汤汁不要）混合煮至软烂，趁温热时饮用。

鲜奶蛋粥

【原料】

大米40克，鲜奶100克，鸡蛋2个，白糖20克，熟玉米粒10克。

【制作方法】

（1）将大米洗净放入锅中煮成粥。

（2）蛋打散，将鲜奶略微加热，微温时加入打散的蛋液中，加入白糖调味拌匀，盛入碗内，放入蒸锅，蒸至熟。

（3）将粥盛入小碗，将蒸熟的蛋挖一勺放在粥上，再撒上熟玉米粒做装饰。

什锦蛋羹粥

【原料】

大米30克，鸡蛋1个，海米25克，番茄酱50克，菠萝末30克，麻油3克，湿淀粉15克，精盐适量。

【制作方法】

(1) 将大米煮成粥待用。将鸡蛋打入碗内，加盐和适量温开水调拌均匀。

(2) 锅内加水，放在大火上烧开，把鸡蛋碗放入屉内，上锅蒸15分钟，成豆腐脑状待用。

(3) 炒锅内放入适量水，水开后放入海米末、菠萝末、番茄酱、精盐，勾芡淋入麻油即成什锦。

(4) 将粥盛入碗中，将蛋羹挖一勺盖在粥面上，最后将什锦盖在粥碗的蛋羹上面。

(5) 制作时，蛋液内要加凉开水或温水，蒸时用大火，防止蒸老。勾什锦汁时不能放酱油。芡不要勾得太稠，吃时芡浇蛋羹上。

香蕉奶糊

【原料】

香蕉1个，奶粉适量。

【制作方法】

(1) 将香蕉1/4个去皮之后捣碎。

(2) 用黄油10克在锅里炒制奶粉，炒好之后倒入肉汤3大匙煮并用木勺轻轻搅匀。

(3) 煮至黏稠时放入捣碎的香蕉，最后加适量牛奶略煮即可。

胡萝卜糊

【原料】

胡萝卜1根，苹果半个。【制作方法】

(1)将胡萝卜1/4个洗净之后炖烂,并捣碎,苹果1/8个削好皮用擦菜板擦好。

(2)将捣碎的胡萝卜和擦好的苹果加适量的水。用文火煮成糊状即可。

栗子粥

【原料】

大米30克，栗子5个，海带鲜汤150克。

【制作方法】

(1)将栗子煮熟之后去皮，捣碎。大米洗净后放入海带鲜汤一起煮沸，加栗子同煮至烂软即成。

(2)需注意的是栗子要剥净内外皮，切碎煮烂，再与大米粥混合同煮。

营养功效

黏稠略咸，含有丰富蛋白质、糖类、胡萝卜素及维生素 B_1、维生素 B_2、维生素C和烟酸等多种营养素。可增强婴儿肠胃功能，有助于消化。并可用于婴儿腹泻、脚软无力及口角炎、舌炎、唇炎、阴囊炎等维生素 B_2 缺乏症。

土豆苹果糊

【原料】

土豆1个，苹果半个，海带清汤少许。

【制作方法】

(1)将土豆1/3个和苹果1/8个去皮。

(2)将土豆炖烂之后捣成土豆泥。苹果用擦菜板擦好。

(3)将土豆泥和海带清汤3大匙倒入锅中煮。

(4)在煮好的苹果中加入适量的水，用另外的锅煮；煮至稀粥样时即可将火关掉，将苹果糊放在土豆泥上。

汤面

【原料】

自制面片或龙须面10克，水100毫升，蔬菜泥少量。

【制作方法】

（1）自制面片或龙须面切成短小的段，倒入沸水中煮熟软，捞起备用。

（2）煮熟的面与水同时倒入小锅内捣烂，煮开。

（3）起锅后加入少量蔬菜泥。

鸡蛋粥

【原料】

鸡蛋1枚，大米30～50克，精盐、味精各适量。

【制作方法】

（1）将鸡蛋打入碗中搅匀备用。

（2）大米淘净，放入锅中，加清水适量煮粥，待粥熟时调入鸡蛋及精盐、味精，煮至粥熟即成，待温服食。

牛肉粥

【原料】

牛肉50～80克，大米60～100克，淀粉、酱油、料酒、花椒粉、精盐、味精各少许。

【制作方法】

（1）将牛肉洗净，切细，放入碗中，用淀粉、酱油、料酒、花椒粉勾芡备用。

（2）取大米淘净，加清水适量煮粥，待沸后调入牛肉等，煮至粥熟，加精盐、味精等调味，再煮一二沸即成，待温服食。

燕麦片粥

【原料】

燕麦片50克，牛奶200克，白糖适量。

【制作方法】

（1）将燕麦片和牛奶放在一个小平底锅里，充分混合，小火烧至微开，用勺不停地搅动，以免沾锅，待锅内食物变稠即成。

（2）将燕麦粥盛入碗内，加入白糖，搅和均匀，晾至温度适宜即可喂食。

营养功效

质地黏稠，味香甜，营养丰富。燕麦的营养价值很高，蛋白质和脂肪的含量明显高于一般谷类食物。与牛奶同食，大大增加了维生素 A、维生素 D 等营养素的供给。制作这一食品时，可以用速食燕麦片，用这种原料，只要冲入 200 克牛奶即可。

枳术内金饼

【原料】

枳壳、白术、鸡内金各等量，麦面粉适量。

【制作方法】

（1）将前 3 味药炒后共研细末备用。

（2）取药末 5 ~ 10 克，与麦面粉混匀，制作饼烙食或煎炸服食。

参芪二芽炖乳鸽

【原料】

党参 5 ~ 10 克，黄芪、炒谷芽各 8 ~ 12 克，炒麦芽 10 ~ 15 克，乳鸽 1 只，葱花、姜末、精盐少许。

【制作方法】

（1）将乳鸽宰杀并去毛杂，诸药布包，一同放入炖盅内。

（2）加清水适量隔水炖熟，加入葱花、姜末、精盐即可，待温服食。

肉丝蔬菜面

【原料】

瘦肉 20 克，婴儿营养面条 30 克，油菜 1 棵，姜丝、盐少许。

【制作方法】

(1) 将瘦肉切成片，放姜丝，加水煮熟。

(2) 捞出，用手撕成丝。

(3) 下入面条，继续用中火煮。

(4) 油菜洗净切碎，放入汤中煮沸，加盐调味关火。

白菜面条

【原料】

婴儿营养面条30克，白菜丝10克，酱油1滴。

【制作方法】

(1) 面条掰碎，白菜洗净切丝。

(2) 锅内盛水，放入面条。

(3) 煮沸后，改成小火放入白菜丝稍煮3分钟。

(4) 起锅时加1滴酱油。

金针菇鸡肉面

【原料】

婴儿营养面条1小把，金针菇20克，鸡肉少许，植物油、葱、盐、香油各少许。

【制作方法】

(1) 金针菇洗净，切成小段；鸡肉切成丝，煮熟；葱切成末。

(2) 油锅热后，放入葱花煸炒，再放入金针菇煸炒。

(3) 锅内加清水，水开后放入面条和鸡丝。

(4) 小火煮面，熟后，滴入香油出锅。

肉泥米粉

【原料】

猪瘦肉30克，米粉1大勺，盐、香油适量。

【制作方法】

（1）把猪瘦肉洗净，剁成泥，加入米粉、盐搅拌成肉泥。

（2）将拌好的肉泥放入碗内，加少许水，放入蒸锅，中火蒸 7 分钟。

（3）蒸熟后，滴入香油，拌匀。

营养功效

米粉富含磷酸钙、葡萄糖酸铁、葡萄糖酸锌、碘、维生素 A、β-胡萝卜素、维生素 D_3、维生素 B_1、维生素 B_2、烟酸等营养。与瘦肉搭配更适合宝宝食用。

青菜肉末面条

【原料】

青菜叶 2 片，熟肉末 30 克，婴儿营养面条 30 克，酱油 1 滴。

【制作方法】

（1）青菜清洗干净，肉末煮熟。

（2）锅内加水，放入熟肉末、青菜叶子，大火煮开，放入面条。

（3）小火焖煮至面条烂熟，滴入酱油。

什锦猪肉菜末

【原料】

猪肉 15 克，西红柿、胡萝卜、葱头、柿子椒各 7.5 克，精盐、肉汤各适量。

【制作方法】

（1）将猪肉、西红柿、胡萝卜、葱头、柿子椒分别切成碎末。

（2）将猪肉末、胡萝卜末、西红柿末、葱头末、柿子椒末一起放入锅内，加肉汤煮软，加入少许精盐，使其具有淡淡的咸味。

双色蛋

【原料】

熟鸡蛋 1 个，胡萝卜酱 10 克，白糖、精盐各少许。

【制作方法】

（1）将煮熟的鸡蛋，剥去外皮，把蛋黄、蛋白分别研碎用白糖和精盐分别拌匀。

（2）将蛋白放入小盘内，蛋黄放在蛋白上面，放入笼中，用中火蒸7～8分钟，浇入胡萝卜酱即可。

豆豉牛肉

【原料】

碎豆豉，牛肉末，植物油、肉汤或鸡汤，酱油适量。

【制作方法】

（1）将炒锅上火，热后加入植物油，放入牛肉末煸炒片刻，再放入碎豆豉、肉汤和酱油搅拌均匀即成。

（2）此菜在喂稠粥或面条时添加。

坚果红薯粥

【原料】

多种坚果（核桃仁、杏仁、南瓜子、葡萄干等）40克，红薯1个（小的），糙米30克。

【制作方法】

（1）坚果泡水30分钟，放入果汁机内加半杯冷开水打烂，滤渣取汁。

（2）红薯洗净、削皮、切成小块。糙米泡水6小时以上，与红薯一同放进蒸锅，蒸至软烂为止。蒸熟的红薯糙米饭，与坚果汁水一起放入果汁机打烂后，倒入锅里，移至火上煮开（要不断搅动，以免烧糊）。

（3）熄火待温即可食用。

营养功效

坚果具有润肠通便的作用，核桃有补脑的功效，而红薯本身更富含胡萝卜素、钙质、纤维素，可帮助肠胃的蠕动。

肉末卷心菜

【原料】

猪肉末，卷心菜，葱头，植物油，酱油，精盐，水淀粉，葱，姜末，水。

【制作方法】

（1）将卷心菜用开水烫一下，切碎；葱头切成碎末待用。

（2）将油放入锅内，热后下入肉末煸炒断生，加入葱姜末、酱油搅炒两下，加入切碎的葱头、水，煮软后再加入卷心菜稍煮片刻，加入精盐，用水淀粉勾芡即成。

红小豆米粥

【原料】

大米、红小豆适量。

【制作方法】

（1）先将红小豆拣净洗好，加足够的水，用大火煮开后，改用小火煮，红小豆全煮开花，捞去豆皮，再将淘洗干净的大米下锅。

（2）煮法与大米绿豆粥相同。

蛋花豌豆粥

【原料】

大米、豌豆、鸡蛋适量，葱花、猪油或植物油、盐、味精少许。

【制作方法】

（1）将大米、豌豆同时下锅。

（2）把猪油或植物油放入另一锅中，待油热后放入葱花，爆出香味即可。

（3）把葱花、盐、味精放入豌豆大米粥中。

（4）在锅中打一个鸡蛋，成蛋花状，然后再煮片刻即可。

白芸豆粥

【原料】

大米、白芸豆比例应 5∶1（如愿意吃豆可稍多放点豆，但不可太多，否则

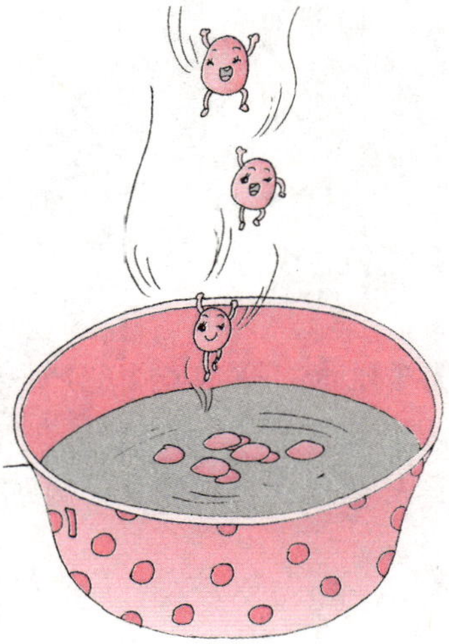

米汤不黏）。

【制作方法】

（1）将白芸豆淘洗干净，加适量水煮烂。

（2）待豆软烂后将大米淘洗干净下锅同煮，一直到白芸豆裂口、米烂再停火。

营养功效

此粥香甜可口，可佐料以小菜，也可以放糖吃甜粥。有健脾胃、消胃热、清肠去暑的功效，是夏秋季节、早晚餐佳品。儿童们大都喜欢吃。如果加大米、小米同煮，可成两米芸豆粥。如果用玉米渣（也叫玉米渣）与白芸豆一同煮粥，更会香甜黏糊。玉米渣和白芸豆要同时下锅。多加水。先用大火烧开然后改用小火慢煮，约煮90分钟左右，方可食用。

蛋花米饭

【原料】

大米适量，鸡蛋1~2个，黄瓜（或芸豆）、盐、葱花、食用油、五香面、味精等各少许。

【制作方法】

（1）先将鸡蛋打入碗中，搅打起泡。

（2）起油锅烧热后将鸡蛋液倒入，向一个方向猛搅，使蛋成为碎块，用碗盛起备用。

（3）再起油锅，油开后投入葱花爆锅。加适量水。锅热加水时要慢慢倒入，将水用大火烧开。

（4）将大米和蛋花、五香面、盐等倒入锅中同煮，盖好锅盖，用小火慢慢焖熟。

（5）饭焖好后，将黄瓜丁倒入饭内，加入味精。

（6）用筷子将饭打散，使黄瓜丁与味精拌和饭中，即可食用。

鸡肝胡萝卜泥

【原料】

鸡肝 2～3 个，胡萝卜末 50 克，鸡汤适量，酱油和白糖各少许。

【制作方法】

（1）先把鸡肝洗干净放入开水中焯一下，捞出洗净血水，换水煮 10 分钟，捞出，把鸡肝外薄皮去掉，切成碎末。

（2）在鸡肝里加入少许的鸡汤和胡萝卜末一起上火煮，煮至黏稠状，再加入适量酱油和少许白糖调匀。

小米粥

【原料】

小米 100 克，白糖适量。

【制作方法】

（1）将小米淘洗干净。

（2）锅置火上，放入适量清水烧开，倒入淘洗好的小米，用微火煮成烂粥，然后滤去粗渣，再加入白糖，即可喂食。

鸡肉土豆胡萝卜泥

【原料】

鸡肉 50 克，鸡汤 50 克，牛奶 150 克，土豆 20 克，胡萝卜末 20 克。

【制作方法】

（1）把鸡肉切成碎末，把去皮土豆煮熟后捞出放入小碗里，用小勺背面研碎，洗净胡萝卜，切成碎末备好。

（2）把鸡肉末和鸡汤混合拌匀放入锅内，再加入少量的牛奶和胡萝卜末、土豆泥一起上火煮开，煮至糊状出锅即可食用。

蛋黄粥

【原料】

大米50克，蛋黄1个，清水500克。

【制作方法】

（1）将大米淘洗干净。

（2）锅置火上，放入清水，用旺火煮开，转微火熬至黏稠。

（3）蛋黄放入碗内，研碎后加入粥锅内，同煮几分钟即成。

水果豆腐

【原料】

鲜豆腐25克，苹果1个，橘子1个，白糖少许。

【制作方法】

（1）先把豆腐放在开水中氽一下捞出，放在盘子里用勺研碎，将洗干净的苹果去皮去核，用容器研碎。

（2）剥去橘子皮和核然后将其研碎，把研碎的苹果和橘子与少许白糖混合后，加入豆腐搅拌均匀即可。

水果藕粉

【原料】

藕粉50克，苹果（桃、杨梅、香蕉均可）75克，清水适量。

【制作方法】

（1）将藕粉加适量水调匀，苹果去皮，切成极细的末。

（2）锅置火上，加水烧开，倒入调匀的藕粉，用微火慢慢熬煮，边熬边搅动，熬至透明为止，最后加入切碎的苹果稍煮即成。

营养功效

藕粉含淀粉、蛋白质、天门冬素、维生素C、卵磷脂、糖类、维生素B，生用清热生津、凉血散瘀，熟食健脾开胃、补血止泻。藕粉与苹果合用，含有丰富的碳水化合物、钙、铁和多种维生素，营养价值极高，是婴儿良好的健身食品。制作时，要把水果洗净切碎，最好用小勺刮成泥，以利婴儿消化吸收。适宜6个月以上婴儿食用。

梨汁粥

【原料】

梨3~5个，大米50克，冰糖适量。

【制作方法】

（1）将梨洗净，切碎，去渣取汁。

（2）将大米淘洗干净。

（3）将米、梨汁同入锅内，再加适量清水共煮粥。

（4）待粥将熟时加入冰糖，煮至粥熟、冰糖化即可。

白菜鸡茸羹

【原料】

白菜叶200克，鸡肉200克，火腿肠50克，牛奶1杯，蛋清3个、高汤适量。

【制作方法】

（1）将白菜叶洗净、切碎，鸡肉剁成茸，然后加入蛋清搅匀，火腿切成末。

（2）用适量高汤和牛奶煮熟白菜叶，加入调料调味，同时一面用勺子搅动，一面慢慢地倒入鸡茸蛋清，煮熟以后再撒上火腿末即成。

烧茄泥

【原料】

茄子250克，酱油10克，精盐1克，味精2克，湿淀粉及葱、姜、蒜末各少许，植物油250克（约耗15克）。

【制作方法】

（1）将茄子洗净，削去蒂和皮，切成1厘米厚的片，把葱姜蒜末、湿淀粉、酱油、味精放入碗内，加适量水调成芡汁。

（2）炒锅置火上，放入油烧至八成热，下入茄片，炸至两面焦黄，捞出沥油回软。

（3）锅内留底油少许，旺火烧热后下入葱姜末爆锅，放入茄片，翻匀铲碎成泥状，加入盐及少许清水，烧沸后，将碗内芡汁倒入，拌匀出锅即成。

饴糖大米粥

【原料】

饴糖30克，粳米50克，清水适量。

【制作方法】

（1）将粳米淘洗干净。

（2）锅置火上，放入清水，烧开后，再放入粳米，煮至粥熟，加入饴糖，再煮一会即可。

家常豆腐

【原料】

豆腐200克，鸡蛋1个，食盐2~3克，葱、姜丝各5克，香菜段5克，香油10克，淀粉2克，熟猪油40克，鲜汤适量。

【制作方法】

（1）把豆腐切成5厘米长、2厘米宽、半厘米厚的块，放入沸水锅中烫透捞出。

（2）磕开鸡蛋，放入碗内，加入淀粉、食盐搅匀，放入锅内烙成鸡蛋皮，切成约3厘米长、2厘米宽的菱形片。

（3）将炒锅置于火上，放入猪油烧热，入鲜汤烧沸后，放入豆腐、鸡蛋皮、葱姜丝、食盐、香菜段烧沸，淋上香油，起锅装盘即成。

虾皮烧菜花

【原料】

菜花250克，虾皮25克，香油10克，花生油30克，水淀粉、酱油、食盐、葱姜末和黄豆芽汤适量。

【制作方法】

（1）把菜花掰成小块，洗净，放入沸水锅内焯透捞出，放入凉水内浸凉，控干水分。

（2）将虾皮用水淘洗干净；将锅置于火上，放入花生油烧热，下虾皮稍炸，放入葱姜末、食盐等，倒入菜花，加入适量豆芽汤，烧开后用小火煨透，以水淀粉勾芡，淋香油出锅盛盘即可。

鸡蛋羹

【原料】

鸡蛋 2 个，虾皮 10 克，葱花 5 克，精盐、味精、香油各适量，凉开水 150 克。

【制作方法】

（1）将鸡蛋磕入碗中，加入精盐、味精、香油、葱花、虾皮搅打均匀，再加入凉开水调匀。

（2）蒸锅置火上，加水烧开，把蛋羹碗放入屉内，加盖用旺火急气蒸 15 分钟即成。

营养功效

鸡蛋含卵磷脂、蛋白质、维生素 B_1、维生素 B_2、铁、锰、磷等成分，有滋阴润燥、养血息风等功效。虾皮含钙、磷丰富。鸡蛋、虾皮是婴幼儿生长发育的保健食品。幼儿食用此菜能获得丰富的蛋白质，较多的钙、磷、铁及维生素 A、维生素 D 等，促进其健康生长，防止疾病的发生。

豆沙包

【原料】

面粉，红小豆，白糖，猪油适量，发酵剂。

【制作方法】

（1）将小豆煮烂，开锅后一次一次打出豆皮，用小火充分煮烂后，用勺子将豆子捣成泥加入白糖和大油，充分搅压。

（2）将发好的面团，分成鸡蛋黄大小的面剂若干个，把每个面剂略擀成片。

(3) 将拌好的豆沙馅包到面皮里，将口捏紧向下放平。上蒸笼蒸15分钟左右。

猪肉菜包

【原料】

面粉，发酵剂，猪肉，白菜（或包心菜，也叫大头菜、圆白菜）。酱油，葱，食用油，味精，精盐，五香面，香油。

【制作方法】

(1) 将面发好。

(2) 猪肉剁成肉馅，葱切成末。

(3) 白菜用开水烫一下，捞出挤干。先顺丝切成丝，再横切成末，用刀剁细，挤出水分，备用。

(4) 将猪肉末，放入盆中，加精盐、味精、酱油、葱末、五香面和适量的水，向一个方向搅拌均匀。再将白菜末放入肉馅中，在白菜馅上浇适量的食用油，拌一下（这样可防止白菜出水），然后再将菜、肉混拌均匀。

(5) 发面按个大小做面剂，擀皮，包入肉菜馅。包包子时要用右手拇指与食指顺面皮边向上提捏10~14个小褶。把口收紧，上蒸笼蒸15分左右即可。

葱油虾仁面

【原料】

细面条200克，水发虾仁15克，葱丁40克，植物油10克，酱油、味精、白糖、料酒各少许。

【制作方法】

(1) 将炒锅置火上，放油烧热，下入葱丁爆锅，出香味时加入切碎的虾仁炒一下，放入酱油、白糖、料酒，各炒几下盛入碗内。

(2) 将面条煮好后，分捞盛在存酱油、味精的碗内，再将葱油味汁冲入，拌匀即可。

葡萄干粥

【原料】

葡萄干25克，粳米100克，白糖少许，清水适量。

【制作方法】

（1）将葡萄干拣净，用清水略泡，冲洗干净，切碎；粳米淘洗干净。

（2）锅置火上，放入适量清水、葡萄干、粳米，先用旺火煮沸后，再改用小火煮至粥成，以白糖调味后进食。

鸡汤南瓜

【原料】

南瓜适量，鸡肉末25克，虾肉25克，香菇5克，酱油少许。

【制作方法】

（1）把南瓜去皮去籽切碎，将用热水泡发的香菇洗净切碎。

（2）将切碎的南瓜、香菇、鸡肉、虾肉混合在一起放入锅里，加适量鸡汤上火煮熟，快出锅时加少许酱油即可食用。

肝黄粥

【原料】

猪肝25克，鸡蛋1个，粳米30克，料酒、精盐、味精各少许。

【制作方法】

（1）将猪肝洗净，用刀剁成蓉，加少许料酒、精盐腌10分钟。

（2）将鸡蛋加清水于锅中煮熟，取出蛋黄压成泥，备用。

（3）将粳米淘洗干净，加适量的清水于锅中煮开后，用小火续煮成稀粥。

（4）将肝蓉、蛋黄加入稀粥中，再加入少量的精盐和味精调味，煮10分钟即可。

营养功效

猪肝含铁丰富，有补肝养血之功。蛋黄含丰富的铁、卵磷脂、蛋白质，能补血、健脑。二者与大米合用，含有丰富的蛋白质、矿物质，有补肝养血、健脑的功效，可以补充婴儿机体生长发育所必需的营养素。

红枣山药粥

【原料】

红枣5个，山药25克，大米50克，白糖适量。

【制作方法】

（1）红枣泡发，去核切丁，山药去皮切丁。

（2）将大米熬粥，后将红枣、山药放入，熟烂即可。

青菜蛋饭

【原料】

半碗软米饭（约50克），菠菜叶25克，牛奶50克，鸡蛋半个，黄油少许。

【制作方法】

（1）先把鸡蛋放入牛奶里调和均匀，置锅于火上烧热放入黄油溶化。

（2）把调好的牛奶鸡蛋放入锅内煸炒，快熟时加入软米饭，混合在一起搅拌成饭团，再加入菠菜叶即可食用。

猪血粥

【原料】

猪血20克，大米50克，葱、胡椒粉适量。

【制作方法】

（1）先将米煮粥。

（2）将猪血切块，放清水中浸泡。

（3）粥快熟时加入猪血，煮开。

（4）撒上葱花及胡椒粉。

炸白薯条

【原料】

白薯1块，鸡蛋半个，植物油和白糖少许。

【制作方法】

（1）先把白薯洗干净去皮切成长段，放入水中浸泡一会儿捞出，再放入锅内加水煮熟，取出控干水分。

（2）将锅置火上烧热，加植物油，把鸡蛋调匀，将白薯条放到鸡蛋液里挂浆，再放入锅内炸到金黄色取出控油，加入少量的白糖即可食用。

青豆泥

【原料】

青豆100克，盐、味精、油适量。

【制作方法】

（1）将青豆洗净后浸泡24小时，加水煮烂，沥干，上搅碎机搅成泥状。

（2）起油锅，下青豆泥炒拌，加盐、味精即成。

红小豆泥

【原料】

红小豆50克，红糖、清水适量，植物油少许。

【制作方法】

（1）将红小豆捡去杂质洗净，放入锅内，加入凉水用旺火烧开，加盖改小火焖煮至烂成豆沙。

（2）将锅置火上，放入少许油，下入红糖炒至溶化，倒入豆沙，改用中小火炒好即成。

（3）注意煮豆越烂越好，炒豆沙时要不停地擦着锅底搅炒，火要小，以免炒焦而生苦味。

肉末肝泥

【原料】

猪肝或牛肝、鸡肝 50 克，瘦猪肉 50 克，盐少许。

【制作方法】

（1）将肝和猪肉洗净，去筋，放在砧板上，用不锈钢汤匙按同一方向以均衡的力量刮，制成肝泥、肉泥。

（2）将肝泥和肉泥放入碗内，加入少许冷水和少许盐搅匀，上笼蒸熟即可食用。

（3）肝泥和肉泥也可以不蒸，放在粥中同米一起煮熟，适合大些的儿童食用。

米肝粥

【原料】

粳米 50 克，鸡肝 10 克，白糖 10 克。

【制作方法】

（1）将粳米淘洗干净，入锅加水适量，放在微火上煮 10 分钟左右，再加入捣碎的鸡肝末同煮成粥。

（2）将肝粥放在粗纱布中滤取清汁，加入白糖调匀即可。

营养功效

此粥含有蛋白质、脂肪、碳水化合物、钙、磷、铁、维生素 A、维生素 B_1、维生素 B_2、尼克酸，尤含维生素 A、铁质丰富。具有补益五脏、养肝明目、滋阴清热、降逆止眩的作用。粥一定要煮烂，不能稠。

肉末茄泥

【原料】

新鲜茄子 15 克，瘦猪肉 20 克，姜丝、酒、盐少许。

【制作方法】

（1）将猪肉洗净剁成肉末，加入姜丝、酒、盐，上蒸锅蒸熟。

（2）茄子洗净蒸熟，捣成茄泥。锅内加入少量植物油烧热，加茄泥、肉泥稍炒几下即成。

黄瓜泥鳅汤

【原料】

老黄瓜 1 条，泥鳅 1200 ~ 1500 克，紫苏叶、葱花、姜末、精盐、味精各适量。

【制作方法】

（1）将老黄瓜去皮、切块。

（2）泥鳅用水吐净腹内脏物后，与老黄瓜同入锅中，加清水适量煮沸后，加紫苏叶、葱花、姜末、精盐、味精等调味品，煮至泥鳅熟后即成，待温服食。

山药桂圆炖甲鱼

【原料】

山药 20 ~ 25 克，龙眼肉（桂圆肉）10 ~ 15 克，甲鱼 1 只，精盐少许。

【制作方法】

（1）先用开水烫甲鱼，使其排尿后，洗净，切开，去内脏。

（2）将甲鱼连壳一起与山药、龙眼肉一同放入锅内，加适量清水，隔水炖熟，加入精盐调味即成，待温服食。

芹菜红枣汤

【原料】

芹菜 200 ~ 400 克，红枣 50 ~ 100 克，冰糖适量。

【制作方法】

（1）将芹菜择洗干净，切成小段；

（2）红枣洗净，切开，去核，与芹菜一同放入锅中，加入适量清水烧开后，用文火煮至枣烂，调入冰糖即成，待温服食。

鲜菠菜水

【原料】

鲜菠菜叶 100 克，水 100 克，精盐少许。

【制作方法】

（1）将菠菜洗净，切成碎末。

（2）锅置火上，放入清水烧沸，放入菠菜碎末，加入煮 5 分钟后离火，再放 10 分钟，倒出汤汁，即可喂食。

营养功效

菠菜含有较多的铁质、丰富的胡萝卜素，还有蛋白质、水化合物、钙、磷、维生素 C、维生素 B_1、维生素 B_2、尼克酸等。此菜汁有补血、养血、明目的营养功效。常食可预防贫血、夜盲症等。菠菜一定要煮烂，放盐不宜多，应略有咸味。

调中健脾馅包

【原料】

黄芪粉、人参粉、白术粉、炙甘草粉、当归粉、陈皮粉、升麻粉、柴胡粉各 1 克，白菜馅、面粉各 250 克，精盐 3 克，香油适量。

【制作方法】

（1）将药粉、面粉混匀，做成面皮，白菜馅、精盐、香油调匀做馅

（2）两者如常法制成包子，上笼蒸熟即成，待温服食。

丹参田鸡汤

【原料】

丹参 6 ~ 10 克，大枣 3 ~ 5 枚，田鸡 120 ~ 150 克，精盐、味精各适量。

【制作方法】

（1）将丹参布包，大枣去核，田鸡去皮，洗净。

（2）加水同炖至田鸡熟后，去药包，加精盐、味精等调味即成，待温服食。

竹叶粥

【原料】

淡竹叶 5～10 克（鲜品加倍），大米 30～50 克，白糖适量。

【制作方法】

（1）将淡竹叶择净，放入锅中。

（2）加清水适量浸泡 5～10 分钟后，水煎取汁，再加大米煮粥，待粥熟时，调入白糖，再煮一二沸即成，待温服食。

苋菜水

【原料】

苋菜 100 克，水 100 克，精盐少许。

【制作方法】

（1）将苋菜洗净切丝。

（2）锅置火上，放水烧沸，倒入菜丝，加入精盐煮 5～6 分钟，离火，再焖 10 分钟，滤去菜渣留汤即成。

营养功效

苋菜汁含铁、钙、胡萝卜素丰富，易于消化吸收，能供给婴儿较多的铁和钙质，很适于用牛奶、奶粉等代乳品哺育喂养的婴儿食用。红苋菜视为补血佳蔬，是防治婴儿缺铁性贫血的良好辅助食品。婴儿食用此汁，能获得丰富的营养，有助于骨骼、牙齿的生长发育，又有补血作用。制作菜水时，菜一定要煮烂，菜渣要滤净。

三色肝米粥

【原料】

粳米 50 克，猪肝 50 克，西红柿 1 个（50 克），胡萝卜 50 克，菠菜 25 克，葱姜末少许，精盐8克，香油少许，鸡汤适量。

【制作方法】

（1）将粳米淘洗干净，加清水适量煮成稀粥。

（2）猪肝洗净切碎，胡萝卜洗净切碎，西红柿洗净，用开水烫一下，剥去皮切碎，菠菜摘洗干净，用开水焯一下，切碎，待用。

（3）锅置火上，放入鸡汤、猪肝、胡萝卜煮熟后，和西红柿、菠菜一起放入稀粥内，加入精盐，再煮片刻，最后淋入几滴香油，即可食用。

蛋黄豌豆糊

【原料】

豌豆100克，蛋黄50克，大米50克，水4杯。

【制作方法】

（1）将豌豆煮熟，去掉豆荚，放进搅拌机中搅成豆茸。

（2）将整个鸡蛋煮熟，去壳取出蛋黄压成蛋黄泥。

（3）将大米用水浸2小时，连水煲约1小时，煲成半糊状，然后焖约5分钟。

（4）在糊状大米粥中加入豆茸、蛋黄泥，调味即可

山楂汁

【原料】

山楂片100克，白糖20克，开水300克。

【制作方法】

（1）将山楂片用凉水快速洗净，除去浮灰，放入杯内，浇入开水，加盖。

（2）待水温降到微温时，加入白糖，搅至溶化即可饮用。

鸡蛋柠檬汤

【原料】

鸡汤250克，鸡蛋1个，米饭60克，柠檬汁5克，豌豆苗、精盐各适量。

【制作方法】

（1）鸡汤放在锅中，加入米饭用小火煮沸。鸡蛋打入碗中，加入柠檬汁混

匀，再加精盐（如鸡汤中已有盐，则不加）。

（2）全部倒入锅中，小火煮沸后加入切细的豌豆苗，不用煮沸即可。

核桃鸭子

【原料】

核桃仁20克，荸荠150克，老鸭子1只，鸡肉泥100克，鸡蛋清1只，花生油适量，湿淀粉少许。

【制作方法】

（1）将鸭子宰杀，去内脏，洗净，用开水浸一遍，置盆内，加葱、姜、盐、味精少许，上笼蒸熟，取出晾凉后，去骨，切成块。

（2）核桃仁、荸荠洗净，均切成碎末状，与鸡肉泥、鸡蛋清、少许湿淀粉共调成糊状。

（3）将糊淋在鸭膛上，下油锅炸酥，捞出，控油即成。佐餐食用。

营养功效

核桃仁能补肾助阳、补肺敛肺、润肠通便。荸荠味甘性寒，能清热生津、化痰消积。鸭肉味甘、咸，性微凉，能补阴益血、清虚热，可治咳嗽。此菜有补肾温肺、化痰止咳的作用。对治疗婴幼儿肾虚久咳以及慢性气管炎、支气管哮喘等症有效。

莴笋炒肉丝

【原料】

瘦猪肉50克，净莴笋100克，炒菜用油10克，滑肉用油100克（实耗5克），酱油2克，精盐2克，味精、水淀粉、葱、姜末少许。

【制作方法】

（1）莴笋择去叶、削去皮，洗净切成细丝，瘦猪肉洗净，切成细丝，放入盆内，加入水淀粉、精盐，上浆，用热锅温油划散捞出。

（2）将炒菜用油放入锅内，热后下入葱姜末炝锅，投入莴笋煸炒断生，加入肉丝搅拌均匀，再加酱油、精盐、水少许，开后勾芡，放入味精搅匀即成。

青椒炒肉丝

【原料】

瘦猪肉50克，青椒100克，炒菜用油10克，滑肉用油100克（实耗5克），香油、酱油、精盐、水淀粉、葱、姜丝各少许。

【制作方法】

（1）将青椒择洗干净，切成4厘米长的丝，瘦猪肉洗净，切成4厘米长细丝，放入盆内，加入水淀粉、精盐上浆，用热锅温油划散捞出待用。

（2）将炒菜油放入锅内，热后下入葱姜丝炝锅，投入青椒丝煸炒断生，放入肉丝搅拌匀，加入酱油、精盐、水少许，开后勾芡，淋入香油出锅即成。

番茄丸子

【原料】

肥肉馅500克，青菜20克，番茄酱100克，葱末10克，姜末5克，精盐18克，水淀粉15克。

【制作方法】

（1）将肉馅放入盆内，加入葱姜末、精盐8克、水淀粉，搅匀后加番茄酱，再用力朝一个方向搅，上劲待用。

（2）锅内放入清水，开后，将馅泥挤成1.5厘米大小的丸子氽入锅内，再加青菜、精盐略煮几分钟即成。

猪肝炒黄瓜

【原料】

猪肝100克，黄瓜50克，水发木耳20克，植物油150克（实耗15克），酱油2克，料酒2克，白糖、精盐、味精、水淀粉、葱、姜、蒜各少许。

【制作方法】

（1）将猪肝洗净切成2厘米长、1厘米宽、0.2厘米厚的片，用水淀粉、精盐上浆，用八成热的油划散捞出待用。

（2）将黄瓜洗净，切成小象眼片，葱、姜、蒜切末，木耳洗净撕成小碎块待用。

（3）将油放入锅内，烧至七成时，放入葱、姜、蒜、黄瓜、木耳稍炒几下，即将滑油的猪肝倒入锅内，迅速淋入料酒，再加酱油、精盐、白糖、味精、高汤或水少许，开后用水淀粉勾芡，出锅即成。

淮莲汤

【原料】

淮山、莲子（去芯）、芡实各30克，猪瘦肉100克，酱油、花生油、葱、盐、姜各适量。

【制作方法】

（1）将淮山、莲子、芡实洗净，猪瘦肉在沸水锅中稍烫，除去血腥味，切成块，备用。

（2）锅中加油，先入葱、姜炒香，再下入猪肉和酱油、盐烧沸，下入淮山、莲子、芡实，用文火炖汤。

营养功效

淮山、莲子、芡实均为健脾益气、固肾开胃的常用药，同时还含有淀粉类碳水化合物、钙、铁、磷等物质，并有一定糖类及脂肪等，富有营养。猪瘦肉滋阴养血，营养丰富。多味同用，可起到健脾益血、开胃销滞的功效，很适合用于久病体弱，脾胃呆滞，少食神倦，不思饮食的疳积患者。

第四篇

2～3岁幼儿的饮食搭配

第一章

2～3 岁幼儿的喂养

2～3 岁的孩子天真、幼稚、纯洁、活泼；身心在迅速发展，在各方面都发生着日新月异的变化。实在是最惹人喜爱的了。2～3 岁的孩子心智机能已基本形成，但不是“缩小的成人”，具有自身的特点，他们的思维在行动中进行，所以这阶段父母一定要做好各方面准备工作。

幼儿 2 岁零 1～3 个月的喂养指导

宝宝已经能单腿做“金鸡独立”了，他可以不扶东西单脚站立 2 秒以上。

当你带着他外出时，你会发现宝宝已经能从最后一级台阶上跳下来也能双脚同时做立定跳远，这些大动作的发育都说明宝宝的四肢协调能力得到加强。爱玩拼图的宝宝，现在还可以拼出 2～4 块图片。

此时的宝宝已经能自己穿袜子和松紧裤了，当他学会这些本领以后，坚持鼓励他每天自己穿，不要因为时间紧张就代替宝宝做这些事，这样对于宝宝自身来讲也是能力的提高的方法。宝宝现在已经有较强的自我意识，明白自己和他人是有区别的，表现在对喜欢的食物或玩具的占有欲强，自己的妈妈不许抱别的小朋友等方面。如果你在适当的场合，观察、倾听宝宝的情绪反应，你会发现宝宝已经会用声音表示喜怒等情绪。

2岁零1～3个月的幼儿，生长仍处于迅速增长阶段，各种营养物质的需要量较高。孩子的肌肉明显发育，尤其以下腹、臂背部较突出。骨骼中钙磷沉积增加，乳牙已出齐，咀嚼和消化能力有了很大的进步，但胃肠功能仍未发育完善。每日按体重计算热能需要量与婴儿期相比没有增加，但仍高于成人需要量。由于生长发育的原因，蛋白质需要量高。在饮食营养物质供给不足时，常易患贫血和佝偻病。

每天总需热量约为4811千焦，其中蛋白质约36克，钙约490毫克。

幼儿2岁零4～6个月的营养方案

到27个月末，宝宝的身体发育又上了一个新台阶，身体长高了，体重也增加了许多，2岁零3个月的宝宝正常体重为12～13千克，身高为88～90厘米。出牙16～20颗。

随着精细动作的发展，宝宝已经可以拿起细小的物体，他能搭起积木再把积木打翻，还会脱鞋、翻书页、用一只手端起杯子。目前宝宝的大动作也有所发展，他双脚立定跳远的长度可以达到15厘米，还能单脚站立很长时间。夏天的晚上，你可以带宝宝出去散步，这时你们可以玩踩影子的游戏，互相踩对方的影子，可以使宝宝锻炼跑的动作和灵活反应。

当你问宝宝冷、饿、渴、困时怎么办，宝宝已经能说出穿衣服、吃饭、喝水、睡觉了。现在还可以对宝宝进行双语教育，因为这时宝宝已经能背诵儿歌，有了比较成熟的记忆能力，在他现有能力的基础上，你和他说话时可以使用一些简单的英语词汇，有时宝宝不感兴趣，这没关系，只要时常对宝宝讲英语，他的大脑中就会留存印象，等他将来在学校学习英语时，就会轻松许多。

>> 温馨提示

如何让宝宝远离食品污染？

首要的是对宝宝的食物巧加选择，购买米、面、豆类、芹菜、葱、蒜、韭菜、土豆、萝卜、红薯等食品时，选择那些无农药污染、无霉变、硝酸盐含量低且新鲜干净的食物。对于已经买回家的可疑的蔬菜，可以用蔬菜清洗剂或小苏打（碳酸氢钠）浸泡后再用清水冲洗干净。根茎类蔬菜和水果，一律要削皮后再烹调或食用。

幼儿2岁零7~9个月的喂养指导

宝宝已经能将各种用途不同的物品分类，但还局限在按物品的用途来分，比如吃、穿、用、玩等，这说明宝宝的分析能力和综合能力已经初步具备。

现在宝宝的各项运动能力都有所发展，他已经能非常利索地跑步，还能用单脚跳着走。有些宝宝已经能自己洗脸洗脚，在吃饭时宝宝还会积极地为大家发筷子，还能端一些凉菜，只要他做到就应表扬鼓励。宝宝还可以画四方形，并能封上口但四个角都比较钝。

节奏感强的音乐及诗歌听起来特别生动，宝宝的兴趣也非常大。父母在教宝宝学习语言时可能也发现，节奏明显的儿歌和唐诗，深受宝宝的喜欢。他已经能背诵许多儿歌了，并能用复杂的句子表达自己的意思。

家长既要根据不同的季节，又要根据宝宝的体质偏热或偏凉的情况，合理地挑选不同性质的食品来组织一日三餐的食谱，这样才有利于促进孩子的健康。

孩子之间存在着个体差异，有的孩子体质偏凉，有的孩子体质偏热。对于不同体质的孩子，家长在为孩子选择食物时应有所考虑，否则很可能因进食不当对孩子健康造成损害。

体质偏凉的孩子表现为胃肠道功能不良，大便不成形，不爱喝水，怕冷，尿多，性格偏静，舌苔白等，这类孩子稍受点凉或饮食不当就容易拉肚子，夏天吃冷饮容易肚子疼，多吃一点西瓜、梨等凉性的食物就会发生胃肠道不适，或者发生腹泻。对于这类孩子，家长在给孩子选择食物时应该注意避免让孩子吃过多的寒凉性食品，如凉奶、生黄瓜、梨、西瓜等。

体质偏热的孩子表现为喜欢喝水，大便偏干，小便偏黄，舌苔黄，有时嘴里有异味，怕热，性格多动等，这类孩子稍多吃点橘子、荔枝、巧克力、油炸食物时容易出现嘴唇疱疹、口腔溃疡、大便干燥，牙龈肿胀、眼屎多、鼻子发炎等现象。对于这类孩子，家长在为孩子选择食物时应适当限制温热性食品的摄入，如少吃火锅、油炸食品，不要大量吃荔枝、橘子等水果，平时应让孩子多吃凉性的蔬菜水果。

>> 营养小贴士

宝宝健脑食物的选择原则是：补充必要结构脂肪，要荤素搭配，尤其要多吃碱性食物（即含钠、钾、钙、镁等丰富的食物）。

菠菜：不仅含B族维生素、维生素A、维生素C，尤为重要的是它含有对大脑记忆功能有益的维生素B_1、维生素B_2。缺乏维生素B_1会出现神经炎、神经传导受阻，出现健忘和不安症状等，此外菠菜中还含有叶绿素和钙、铁、磷等矿物质，也具有健脑益智的作用。

茼蒿（蓬蒿）：营养成分丰富且茎与叶均可食，它含丰富的胡萝卜素，每百克含2.54毫克，是黄瓜、茄子含量的15～30倍。

幼儿2岁零10个月至3岁的营养方案

由于幼儿消化功能与成人有所不同，对于零食，父母不应该简单地一味禁止，而应遵循一些原则来消除吃零食带来的不良后果。

（1）选择那些能补偿主食中所缺营养物质的零食；

（2）最多每日不超过2次，正餐前半小时不让孩子吃零食；

（3）睡前忌吃零食，保持口腔卫生；

（4）尽量不让孩子吃烟熏、火烤、油炸类的零食。

这时幼儿的体重可达14千克，身高可增至90厘米。此时小儿能跑，能从不高处向下跳，可踮着脚尖走几步。会双脚交替上下楼梯，能迈过不太高的障碍物。会骑儿童三轮车，会洗手、洗脸、脱穿衣服，会从肩上把物体投出，能用纸折长方形、三角形，能一页一页地翻书，能用积木搭简单的形状，会画横竖线和圆圈，能说短歌谣，数几个数，能认识画上的东西，认识男女，自称“我”，表现自尊心、同情心、怕羞，会做模仿操。

快3岁的宝宝思维能力有了很大提高，他常能触类旁通，比如说到熊猫，宝宝会联想到

>> 妈妈讲堂

2岁零10个月至3岁的宝宝每天所需的营养比以前略有增加，总热量可以达到1350千卡左右。普遍已经能够独立进餐，但会有边吃边玩的现象，父母要有耐心让宝宝慢慢用餐，以保证孩子真正吃饱，避免出现可能的进食不当导致的营养不良。

宝宝肠胃功能还处在不断完善的过程中，要鼓励宝宝充分咀嚼，以减轻胃肠道消化食物的负担，保护胃肠道，促进营养素的充分吸收和利用。

熊猫是国宝，它的食物是竹子，在动物园曾经看到过等。又如说到蓝色，宝宝知道天和海是蓝色的，家里的日用品中也包含着许多蓝色等。经常与宝宝做一些联想的游戏可以开发他的想象力，锻炼宝宝思维的活跃性。

细心纠正 2～3 岁宝宝食欲不振

如果孩子厌食，应仔细观察，也可去医院检查，排除器质性病变。若非疾病所致，可用下列方法纠正：

1. 科学喂养

要做到科学合理地喂养，使孩子养成良好的饮食习惯。家长不要把所有营养品都往孩子的肚子里装，更不能孩子要吃什么就给什么，使饮食没有节制。

2. 让孩子轻松愉快地进食

不要在吃饭时管教孩子，以免孩子情绪紧张，从而影响消化系统的功能。孩子进食时，应该有一个愉快、安静的环境。

3. 孩子进食应定时定量

宝宝应定时定量进食，少吃甜食以及油腻、油炸的食品。

3 岁宝宝特点

1. 大运动

单足跳跃；自己扶栏下楼梯一步一阶；跳过 10～15 厘米高的障碍物；钻过高度为自己一半身高的洞穴；举手过肩投球；接住 1～2 米处投来的球；会骑脚踏三轮车；在 10～15 厘米宽的平衡木上做简单动作；登上三层的攀登架。

2. 精细动作

会画圆和正方形；会写2个以上数字和汉字；会画人的2～4个部位；用指捏面塑，按针孔定形撕纸；拿剪子将纸剪开或剪纸条；将正方形纸折成长方形及三角形；会用筷子夹枣或花生米；按要求的颜色、形状间隔穿珠子；粘贴简单图画。

3. 认知

将物品按用途分类；认识不同职业；懂得反义词8～10种；能拼切开4～8块的拼图；从图中找出缺漏部分；认识4～6种几何图形；从地图上找出居住的城市；从本市地图中找出家庭位置；背数到20，点数到8，取5件玩具；复述4～5位数，倒数3～1或5～1；切分圆形为1/2或1/4；认识若干汉字，6～10个数字，会做数字、汉字配对；认识两种季节所穿衣服以及特有的食物；会玩包剪锤游戏，懂输赢。

>> 温馨提示

3岁小儿对周围的一切事物都很关心，兴趣很浓。对所有事物要刨根究底地问个没完。这是由于孩子对这些事物怀有极大的兴趣，所以就努力观察、学习、询问和尽力想理解。可以说，智力的发达与否全在于兴趣如何。3岁时期正是对什么都有极浓厚的兴趣的时期。因此，作为大人应该尽一切力量培养孩子的这种兴趣，这对孩子的智力发育非常重要。

4. 艺术能力

会唱5个音阶内的歌曲几首；随录音机或电视自学歌曲几首；按旋律敲击节拍；按节拍做律动；画人或物品轮廓图形；学习书法。

适度的餐桌礼仪

宝宝已经能吃多种蔬菜和肉蛋鱼虾了，大多数水果都可以直接吃，但是爸爸妈妈还不能用大人的用餐礼仪来要求小宝宝。

9～10个月大的宝宝会对勺子产生兴趣，会和妈妈争抢小勺子，妈妈最好顺其自然，让宝宝自己试着使用，以免错过最佳训练期。等宝宝自己吃饭的兴趣全失，或是习惯由妈妈喂饭后，那时再让他自己吃就没那么容易了。宝宝1岁，妈妈可以教宝宝用杯子喝水。到了2岁时，就可以让宝宝学习一手扶住碗，一手拿勺子吃饭了。

自己动手吃饭对宝宝来说有些难度，它需要手、眼、口的动作协调达到一定程度才能完成。所以，即使宝宝把饭弄得满脸满身、满桌满地，妈妈都不要大包大揽，妈妈要做的只是等宝宝吃完饭后收拾残局。

即使宝宝很小，只要他开始学习吃饭，妈妈就要注意养成他饭前洗手、饭后漱口的良好卫生习惯。饭前洗手可以防止肠道外界细菌的感染；饭后漱口可以保护口腔的健康。

1. 固定的位置

每个宝宝都很喜欢和爸爸妈妈一起吃饭，不要拒绝宝宝，给他在餐桌留出一席之地，因为每次固定的吃饭位置也可以养成宝宝良好的餐桌礼仪，还可以培养良好的秩序感。

为宝宝准备好餐桌上必需的用具，适合他高度的椅子，还要准备围嘴、手绢、小勺子、小筷子、小碗。

把饭或菜盛在宝宝的小碗里，让他自己吃，不要让很烫的饭菜靠近宝宝。

2. 用手吃饭不要紧

宝宝初学吃饭时，用手抓饭是很正常的事。他用不好小勺子，又着急想吃饭，就会想到用更容易的方式了。能拿手吃的，就让宝宝拿手吃，不能拿手吃的，比如汤、面条、粥，就让宝宝使用小勺子、小筷子，他会非常乐意尝试爸爸妈妈吃饭的姿势，尽管每次吃完饭都像是上演了一次“战争”，妈妈也不要阻止他。

但当宝宝一旦掌握了使用勺子、筷子，就不能再让他用手拿着吃了。

>> 妈妈讲堂

边吃边玩是很多宝宝都有的小毛病。这种情况，妈妈必须制止，可以严肃地告诉宝宝，妈妈很不喜欢他边吃边玩。对于月龄小的宝宝，千万不能一个人喂饭，另一个人在旁边用玩具逗宝宝，这样会使宝宝养成边吃边玩的坏习惯。

3. 不可以偏食

不能养成宝宝挑食的习惯，盛到碗里的饭一定要吃干净，不能从爸爸妈妈碗里夹自己喜欢的饭菜，而不喜欢的饭菜就不吃了。

当然，对于初学吃饭的宝宝，需要妈妈的辅助，因为宝宝的一碗饭可能有多半碗都掉到桌上、地上了。

宝宝仍离不开奶瓶怎么办

许多人认为，孩子2岁以后就不应再用奶瓶喝奶了。可是有的孩子2岁多仍离不开奶瓶，这是怎么回事？

孩子离不开奶瓶一般有两种原因：一是习惯，二是依恋。如果只是习惯，对幼儿来说比较容易改为用碗喝奶。但如果是依恋，则比较难撤掉奶瓶，因为这样的孩子往往安全感差，总要寻找一个亲切、熟悉的东西作为自慰的物品，而奶瓶往往就是最易被幼儿用于自慰的一件东西。如果这时硬性撤掉奶瓶，会对孩子产生较强的心理打击，使他恐惧不安，反而影响以后良好性格的建立。如果孩子还需要奶瓶作为护身符，我们有什么理由非撤掉它不可呢？重要的是使孩子快快乐乐。

遇到这样的孩子，家长大可不必着急。当孩子与外界接触增多，自立能力增强时，他会自动放弃奶瓶的。

常给宝宝吃些紫菜

紫菜营养丰富，每100克干紫菜含蛋白质24.7克，比鲜蘑菇多9倍，含脂肪0.9克、糖31.2克、烟酸5.1克、维生素$B_2$0.07毫克。另外，还含有维生素B_1、叶绿素、叶黄素、红藻素、粗纤维、胆碱、多种氨基酸等。紫菜含碘量也相当高。

紫菜可以药用，常吃紫菜可降低血浆里的胆固醇的含量，对防止动脉硬化、降低血压有一定的疗效。经常吃紫菜对甲状腺肿大、淋巴结核、肺气病和气管炎等也有疗效。

吃紫菜的方法很多，常用的方法是做各种紫菜汤，如紫菜鸡蛋汤、紫菜黄瓜汤、紫菜番茄汤、紫菜肉片汤、紫菜鲜蘑汤、紫菜青菜汤等。

>> 营养小贴士

紫菜被称为“海洋蔬菜”。紫菜有点像韭菜，长成后可以反复的采割，第一割的叫第一水，第二割的叫第二水，其中第一水的紫菜也叫初水海苔，特别细嫩，营养也比较丰富，但是比较难买，大家都是留着自己吃或者送人。超市里比较好的一般是三四水的，差的就是七八水的了。挑选的时候可以仔细分辨光泽度、粗细等。

牛奶不可与药物同服

孩子生病时需要给孩子喂药，这是不少家长感到头痛的事。为了能让孩子顺利服药，父母往往把药掺进牛奶中，以减少孩子服药的困难。殊不知，这样做不仅降低了药物的疗效，还会引起许多不良反应。

牛奶喝到胃里以后，会在胃黏膜表面形成一层薄膜，而牛奶和药接触后又在药物表面形成一层薄膜，这两层薄膜阻碍了药物药性释放和胃黏膜对药物的吸收。待到这两层薄膜被破坏，药物吸收的最佳时期已错过，这样便大大影响了药物的疗效。

一些中药粉剂或丸剂，进入胃肠以后就要被吸收。水溶液的环境最有利于消化吸收，而牛奶是脂肪、蛋白质类物质的混悬液，如果用牛奶服药，将胃腔变为这种混悬液的环境，那么同水溶液相比，消化吸收药物的速度就会减慢。另外，牛奶含有钙、镁、铁等金属元素，会和某些有机碱类物质结合，从而妨碍这些物质的吸收，有许多药物含有这种成分，如果奶和药同时吃，会降低这些药物的功效。有些抗生素类药物，会与牛奶中的钙离子在肠道形成络合物，大大减少药物的吸收，降低疗效，甚至完全失效。

钙剂一般在酸性条件下吸收好，如果和牛奶一起服用，容易结成凝块，影响钙的吸收。在防治儿童贫血时，如果铁剂和牛奶同时服，牛奶中的钙离子会与铁剂在十二指肠吸收部位发生竞争，使铁剂吸收减少，降低其疗效。有些贫血的孩子长期服用铁剂效果也不理想，就是同服牛奶的缘故。因此，给孩子吃药不要用牛奶送服。

牛奶本身含钙，用来送药片或其他药物，

>> 温馨提示

不能与牛奶同服的药品有：

四环素、土霉素、强力霉素等抗生素类。因该类药物会与牛奶中的钙离子在肠道内形成络合物，减少药物吸收，降低疗效，甚至可使药物完全失效。

很容易使肠胃出现钙化物，导致药力失效，严重的还会生成胆结石、肾结石。所以，尽可能不用牛奶送服药物，在服药的前后应与喝奶有一定的间隔，婴儿服药后也应隔一段时间再吃母乳。

宝宝为什么食欲不振

（1）宝宝爱吃零食，对正餐没兴趣。宝宝活动量不够，食物尚未消化，没有饥饿感。

（2）营养不良，肠蠕动减弱，胃排空时间延长，无饥饿感。宝宝饮食时间安排不妥，两餐间隔时间太短。

（3）过于疲劳或过于兴奋，吃饭时想睡觉或无心吃饭。睡眠不足，影响食欲。家长过分溺爱，致使孩子用不吃饭来达到所要求的目的。有的孩子从小不锻炼咀嚼，吃什么都囫囵吞下，碰到稍硬的食物，不是吐出来就是含在嘴里。家长为了让孩子吞下食物，喂给大量汤水，冲淡了胃酸，久之则食欲不振。经常服药，特别是抗生素，会影响食欲。

人工营养物质要适量

妈妈只要保证宝宝每日饮食营养均衡，是不用额外补充维生素或矿物质的。如果妈妈疏于对宝宝饮食上照顾的话，也可以适当补充一些人工营养物质来满足宝宝成长的需要，但要遵医嘱而补充。

断奶期的宝宝最好不要补充复合维生素片。除了宝宝吃起来比较困难外，这种没有明确目的的补充方式，很容易使营养物质之间的配比失衡，也许这种营养物质不够，而那种营养物质却超量。

补充营养物质不能持续而长期。无论是成人还是宝宝，长期补充人工合成的营养物质比较容易产生依赖性，也会降低身体吸收天然食物中营养物质的能力，长期补充还会降低机体对食物中维生素的吸收率。可以隔一天吃一次，吃一个月，停吃一段时间再接着补充。

>> 营养小贴士

和母乳喂养的宝宝一样，人工喂养的正常足月产宝宝，满月后要喂鱼肝油以补充维生素A、维生素D。人工喂养宝宝满月后可以适当喂一些菜水、果汁，以补充维生素C，菜水和果汁还可以软化大便，使大便易于排出。到了4个月，可以添加一些淀粉食品（米糊），以增加能量、矿物质等。

孩子长个儿的营养供给方法

世界卫生组织的一个研究小组调查发现：一年中，儿童在5月份生长最快。这个月里平均长高7.3毫米，10月份长得最慢，平均只有3毫米。为此，专家们将5月称为“神秘的5月”，并建议家长在5月里给孩子增加营养，以利其生长。为什么孩子在5月里生长得最快呢？这是因为一个人的生长速度除了种族、遗传、内分泌、生活习惯等因素外，还与营养状况、地理气候和体育锻炼密切相关。5月份，大地回春，万物萌生，一派生机。美好的大自然给人类带来了朝气，在这个时候，儿童体内各个器官和细胞的功能都特别活跃，体内生长激素分泌增多，生长发育加快，尤其是在经历了漫长的冬季后，孩子们都喜欢到户外活动，因而生长速度的加快更为明显。

由于孩子在5月里生长速度加快，所以必然要消耗更多的营养物质。因此，家长应掌握孩子生长的最佳时机，及时补充各种营养，以促进孩子生长发育和增强抗病能力。那么，在5月里应怎样给孩子增加营养呢？

1. 补充蛋白质

孩子生长发育越快，越需要补充蛋白质。瘦肉、鱼虾、禽蛋、花生、豆制品中都富含优质蛋白质，因此，应注意多补充。

2. 供给维生素

维生素是维持生命的要素，其中最重要的是维生素 A、维生素 B、维生素 C。动物肝肾、鸡蛋、胡萝卜、菠菜中富含维生素 A，各种新鲜绿叶蔬菜和水果中含有丰富的维生素 E 和维生素 C，应多给孩子食用。

3. 增加矿物质

人体的长高决定于骨骼的生长发育，其中下肢长骨的增长与身高最为密切。只有长骨中即软骨细胞的不断生长，孩子才能长高。钙、磷是骨骼中的主要成分。5 月份要多给孩子补充牛奶、豆制品、海带、排骨、骨头汤等含钙、磷丰富的食物。同时，要多让孩子到户外晒太阳，增加紫外线照射机会，以利于体内合成维生素 D，促进胃肠对钙、磷的吸收，保证骨骼正常生长。

4. 安排好 1 日 3 餐

1 日 3 餐热量分配应是，早餐占 30%，午餐占 40%，晚餐占 30%。若早餐的热量和营养不足，就不能满足整个上午学习、活动的需要，容易出现饥饿感、头晕、注意力不集中，久了还会导致智力下降，故要吃好早餐再上学。

中午可让孩子多吃些含糖类和脂肪的食物，做到粗细粮搭配、荤素兼有、色香味俱佳。晚餐进食应适量，孩子做完功课可加一餐点心。

>> 温馨提示

市场上的铁强化食品主要包括两类：一类是按婴幼儿食品国家标准强化的，每100 克含铁 6～10 毫克；另一种属于特殊的铁强化食品，每 100 克含铁高达 40 毫克，但不宜给婴幼儿长期服用，以防造成儿童体内含铁量过多，使铁、锌、铜等微量元素代谢在体内失去平衡，导致婴幼儿食欲不振、厌食、生长发育延缓，甚至有铁中毒的危险。

宝宝不宜吃过多彩色食品

现在市场上有许许多多色彩鲜艳、外形新颖的儿童食品，吸引了不少家长和孩子，常常选食一些彩色食品，摄入过多彩色食品将会影响婴儿健康。

彩色食品的色素来源有两类：一类是天然色素，如动物的血红蛋白，植物的叶绿素等；另一类是合成色素，是从石油或煤焦油中提炼出来后，经化学方法合成，有一定毒性。

世界各地使用的色素有上百种，其中发现有不良反应，或被怀疑能致癌、致畸的不下百种，为此许多国家已经淘汰了食用合成色素，我国食品卫生法规定只允许使用五种色素，即胭脂红、苋菜红、柠檬黄、日落黄、靛蓝，并在使用上做了严格控制，用量不得超过万分之一，且不得用于供婴幼儿食用的食品。彩色食品所用色素量虽小，但如食用过多，时间过长，就会使色素慢慢地积蓄在体内，可表现为：

(1)食用色素能消耗体内的解毒物质,干扰体内正常代谢,从而使糖、脂肪、蛋白质、维生素和激素等的代谢过程受到影响,孩子可出现腹胀、腹泻及消化不良等症状。

(2) 合成色素积蓄在体内，可导致慢性中毒，如合成色素附着在胃肠壁上易发炎或形成溃疡。附着于泌尿系统，易诱发尿路结石，损害肾功能。

(3) 小儿神经系统发育尚未完善，对化学物质尤为敏感，如果过多食用合成色素，影响神经冲动，容易引起好动或多动症。

因此，为了孩子的健康，家长最好不要给孩子购买彩色食品，尽量少吃彩色食品。

社交能力

宝宝开始出现社交性的行为，大约是在3岁的时候。以前会任性地反抗爸爸妈妈，现在渐渐地能理解父母的立场及想法，小伙伴相处时也懂得让步、忍耐。

由于还未成熟，所以吵架跟任性的行为不可能一下子就改掉，但能和小伙伴高高兴兴地玩在一起已经有很大进步了。尽量带他到公园之类的场所和小朋友游戏，让他从中学习轮流等候及和平游玩的乐趣。考虑到交通事故及其他因素，宝宝确实无法像以前一样自由在外边玩，因此，让宝宝上幼儿园也可以有效地培养社交的本领。

哪些食品有助宝宝长高

蛋白质是构成骨细胞的最重要原料，含蛋白质丰富的食品首推牛奶、鱼类、蛋类、动物肝脏，豆及豆制品仅次之。每餐如有两种以上蛋白质食物，可以提高蛋白质的利用率和营养价值，但婴儿期缺锌也是影响宝宝长高的原因之一，牛羊肉、动物肝脏、海产品都是锌的良好来源。草酸、纤维、味精等会影响锌的吸收，孕妇及婴儿不宜食用味精。吃含草酸高的菠菜、芹菜应该先用开水焯一下。和骨骼生长最密切的矿物质是钙和磷，钙的吸收和利用要通过鱼肝油、蛋黄、乳品中的维生素D，以及阳光中的紫外线照射才能发挥作用，含钙丰富的食物有牛奶、虾皮、海带、紫菜及豆制品、芝麻酱、深绿色蔬菜。

总之，每天吃富含蛋白质及钙、锌的食物，如牛奶、豆类、深绿色蔬菜等，经常吃牛羊肉、海产品，每周吃一两次动物肝脏，有助于孩子长高。

宝宝不宜多吃冷饮

宝宝不宜多吃冷饮，在以下情况下更应注意：

（1）宝宝剧烈运动时，体内器官处于活跃状态，血管扩张，分泌物增多。运动后立即吃过多的冷饮，在冷饮刺激下，胃肠膜血管发生骤然收缩，这不仅影响正常消化功能，还可造成胃肠痉挛，出现急性腹痛、出冷汗等症状。

（2）唱歌时，喉腔内的声带不断做闭合、开张的动作，声带黏膜下的血管扩张，处于良好的工作状态。在唱歌后马上吃冷饮，会引起声带黏膜血管立即收缩，声带活动受限，声音变得嘶哑。

（3）发烧出汗时，无论得什么病，在发烧出汗时均不宜吃冷饮。发烧时，各组织器官的血管都表现为扩张，皮肤下的汗毛孔都开张，出汗。一旦冷饮入胃，会导致胃黏膜和体表皮肤小血管立即收缩，汗毛孔闭合，使发汗过程受阻滞，对散热十分不利，影响康复。

（4）龋齿患者，龋齿对食物的温度十分敏感，冷饮可引起牙痛。如果经常食用冷饮，还会导致牙齿、牙龈组织抗病力下降，易诱发其他疾病，患龋齿的宝宝不要吃冷饮。

>> 温馨提示

冷饮中主要成分是水，此外，如冰激凌、雪糕等含有一些糖分及牛奶。这些营养成分较低，不能作为主食来提供营养。如大量冷饮进入消化道，过冷可严重影响消化液的分泌及胃肠功能。正常消化液中含有胃酸及消化酶类，有助于杀死进入消化道的细菌及促进食物消化吸收。如一旦消化液减少，食物的消化吸收就会受到影响，并易造成肠道感染，出现食欲下降，腹痛腹泻及发热等症状。

增强宝宝御寒能力的食物有哪些

冬季气温较低，为使宝宝适应低温环境，除增加衣服外，合理地选择营养食品，保持机体的耐寒力也十分重要。

天气寒冷时，宝宝在室外活动会增加热能消耗。饮食上宜选择面粉、大米、芝麻、核桃仁、牛奶等热量高的食品，以满足其身体耐寒的需要。

气温降低时，有些宝宝不能很快适应外界环境，这与体内蛋白质分解代谢增加有关。宜多食奶类、蛋类、内脏、瘦肉、虾、豆制品等蛋白质含量较高的食物，增加体内蛋白质的储备量。

人体脂肪具有隔热保温作用，平时吃些花生、大豆、奶制品、蛋制品、肉类、鱼类等含脂肪较高的食物，可增加肌肤保温的作用。

还可选择山楂、枣、柑橘、栗子、牛肝等，以补充宝宝体内维生素的不足。

在冬季，宝宝宜吃热的饭菜，可多喝些菜汤、米粥，不宜多吃油腻及寒凉的食物。如果宝宝身体虚弱，可选用红枣炖兔肉、胡桃粥、羊肉羹等药膳食品。用饮食疗法补身体之虚，以增强宝宝体质，提高其抗寒能力。

宝宝睡眠不踏实，不能一“钙”而论

妈妈如果想了解宝宝是否缺营养物质，可以给宝宝做微量元素的检测，但检测结果只能用来作为参考，而不能完全依赖。

近几年，妈妈从各种渠道中了解到钙的重要，宝宝不易缺钙了，却出现了补钙过量的现象。

当宝宝出现睡眠不踏实、不好好睡觉、爱出汗、头发黄、个长得慢，妈妈都认为是“缺钙”，大量补充。其实某些情况是有另外的原因，妈妈不能一“钙”而论。

>> 温馨提示

不同年龄的孩子有不同的睡眠规律和特征，年龄越小的孩子睡眠时间越长。当然睡眠时间有很大的个体差异，不能强求一致，如果白天宝宝的精神状态很好，活泼、聪明、发育良好，那么睡眠时间就应该是合适的。

促进钙吸收的维生素也不能补充过量。维生素A过多，会出现“缺钙”的现象，烦躁不安、多汗、食欲减低；维生素D过量，会使软组织钙化，如肝、肾、脑等会出现不可逆的钙化。

通过营养饮食来补充各种营养物质是最安全有效的方法。

膳食品种多样化对孩子的好处

孩子在成长过程中需要各种营养物质以满足生长发育的需要，除了脂肪、蛋白质、糖类等提供能量的营养物质以外，还需要矿物质、维生素等微量营养物质，同时水、纤维素对于儿童也是必不可少的。世界上没有任何一种单纯的食物能提供人体所需要的全部营养物质，只有摄入丰富的各种食物，才能满足全面营养的需求。

膳食品种多样化对孩子的好处不仅是为孩子的生长发育提供全面均衡的营养，而且可以让孩子从小接触各种口味，养成不偏食挑食的良好饮食习惯。家长在给孩子准备饭菜时，最好做到每天的菜谱有牛奶、鸡蛋、荤菜、蔬菜、水果、米面、杂粮，并且要经常吃些豆制品。菜肴要避免品种单一，每周要安排1~2次富含特殊营养成分的食品，如动物肝脏、海带等，也可以安排摄入一些坚果类如核桃、瓜子等食品。膳食品种丰富，孩子才能得到均衡的营养而健康成长。

不要让宝宝暴饮暴食

有些父母平时较节约，或是因为工作忙，饮食较马虎，在过年过节的时候，或是比较空闲的时候就“猛撮”一顿，这样暴饮暴食对成人是不利的，对幼儿更有害。

暴饮暴食突然加重消化道的负担，易产生消化功能紊乱，引起急性胃肠炎，对幼儿引起“伤食”，有时会使消化功能很难恢复正常，长期会导致营养不良。暴饮暴食还可能会引起急性胰腺炎，即进食1～2小时内发生腹痛、呕吐、疼痛性休克、血和尿的淀粉酶增高，重症者可危及生命。

吃水果能代替吃蔬菜吗

许多小儿喜欢吃水果而不喜欢吃蔬菜，有些父母也以为小儿吃水果就可以不必吃蔬菜了。这种认识是否正确呢？

一般人都知道，每天要吃上一点蔬菜的目的是为了摄取维生素，但很少有人认识到蔬菜除了能提供维生素外还能供给人体必不可缺的矿物质。

矿物质包含许多元素，它们对人体各部分的构成和功能具有重要作用，像钙和磷是构成骨骼和牙齿的关键物质，铁是构成血红蛋白、肌红蛋白和细胞色素的主要成分，铜有催化血红蛋白合成的功用，碘则在甲状腺功能中发挥着必不可少的作用。如绿叶菜是钙的良好来源，紫菜和海带富含碘。蔬菜中往往还含有挥发油、芳香物和有机酸等调味物质，可起到提味、杀菌和刺激食欲的作用，尽管水果中维生素的含量不少，足以代替蔬菜，但矿物质钠、钾、铁、钙等的含量较少，远不及蔬菜。所以父母用水果来代替蔬菜的制作方法是不可取的。当然，水果有水果的特点，蔬菜也不能代替水果，父母在平时既要给小儿吃水果，也要让宝宝养成吃蔬菜的习惯。

>> 妈妈讲堂

蔬菜是日常饮食中必不可少的食物。蔬菜可提供人体所必需的多种维生素和矿物质。据国际粮农组织统计，人体必需的维生素C的90%、维生素A的60%来自蔬菜。蔬菜中还有多种多样的植物化学物质，是人们公认的对健康有效的成分，如类胡萝卜素、二丙烯化合物、甲基硫化合物等。

减少营养的流失

食物在加工的过程中或多或少会丢失营养物质，这和制作方法有关，不同的制作方法，会使食物在这个过程中发生不同的变化，有些还可能会产生有害的物质。

我们所说的食物中的营养成分，一般是指食物加工前的含量。妈妈在为宝宝准备辅食的过程中要尽量减少营养的损失，避免产生有害的物质。当然，这些烹调科学对成人也很有好处。

1. 米少洗

做米饭或熬粥前，有些妈妈总怕米洗不干净，左一遍、右一遍地冲洗。即使是一般地淘洗，也会使米中的维生素 B 丢失一半左右。维生素 B_2 和尼克酸丢失近 1/4。

淘洗米时，要根据米的清洁程度进行适当清洗就可以了，不要用流动的水冲，也不要用热水洗，更不要用力搓。

浸泡大米的水不要倒掉，用它一起来煮饭，营养的流失会少一些。

2. 少油炸

油炸的食物鲜美可口，但营养物质却丢失不少。

面食最好蒸或烙；肉类大火爆炒，会使营养损失减少；鱼类清炖后，就让宝宝连汤带肉一起吃，一些维生素会溶于汤中。

3. 蔬菜的制作方法

做饭时，妈妈如果将蔬菜切得过小或过碎，就会使一部分维生素 C 被空气氧化，丢失大量的维生素 C。

为了去除蔬菜上的农药，妈妈会习惯将蔬菜在水里泡上一会儿，但浸泡时间过长，也会丢失维生素 C 及 B 族维生素，已切开的菜泡在水里，维生素的丢失会更多。

蔬菜不能先切后洗；焯菜时要等到水开了再放菜，而且时间也不要太长。

不要盲目限制脂肪摄入量

目前，人们一谈起脂肪，就会谈脂色变，唯恐摄入脂肪多了，会影响身体健康。但对于处在生长发育阶段的幼儿，机体新陈代谢旺盛，所需各种营养物质相对较成人多，故脂肪也不可缺。否则，易造成以下不良影响：

(1) 热能不足。每克脂肪在体内氧化后，可产生热量37.6千焦，约为同量糖类和蛋白质产热量的2倍，若饮食中含脂肪太少，就会使蛋白质转而供给热能，势必影响体内组织的建造和修补。

(2) 影响脑髓发育。脂肪中的不饱和脂肪酸，是合成磷脂的必需物质，而磷脂又是神经发育的重要原料。因此，脂肪摄入不足，就会影响幼儿大脑的发育。

(3) 可使体内组织受损。脂肪在体内广泛分布于各组织间，幼儿各组织器官娇嫩，发育未臻完善，更需脂肪庇护。若体脂不足，体重下降，抵御能力低下，会使机体各器官受伤害机会增多。

(4) 减弱溶剂作用。脂肪是脂溶性维生素的溶剂，幼儿生长发育所必需的脂溶性维生素A、维生素D、维生素E、维生素K，必须经脂肪溶解后才能为人体吸收利用。因此，饮食中缺乏脂肪即可导致脂溶性维生素缺乏。

由上可知，对于幼儿来说，饮食中有适量脂肪是必需的，尤其是含不饱和脂肪酸的油脂更具特殊意义。

>> 温馨提示

脑需要8种营养物质——蛋白质、脂肪、糖、维生素A、维生素B、维生素C、维生素E和钙，按其重要性排列，脂肪排在第一位，蛋白质只排在第5位。成人和较大儿童膳食中脂肪所提供的能量应占25%~30%，但母乳中脂肪所提供的能量却占到50%，因为婴儿的脑及智力发育需要更多脂肪。

怎样为宝宝合理烹调食物

父母在给宝宝制作食物的过程中，不仅要考虑到宝宝的消化吸收功能，还应设法激发宝宝的食欲。3岁以下幼儿的食物应当细、软、烂、碎，不用刺激性和过于油腻的食物。4~6岁小儿消化能力逐渐增强，要做到食物软硬适中。食物的烹调作用还应做到味道可口，外形美观，香味扑鼻，要经常变换花样品种，以刺激幼儿的食欲，从而促进食物的消化吸收，提高食物的利用率。

在烹调时，要注意尽量减少营养素的损失。幼儿的膳食中应避免使用带刺激性的食品，如酒、咖啡、浓茶、辣椒、胡椒等，整粒的花生、核桃、豆类等须经过磨碎或制酱后再供食用。幼儿的膳食应尽量选用新鲜食品，少用半成品和熟食，如火腿肠、红肠等。幼儿的口味宜清淡、低盐，食品中不宜使用味精、色素、糖精等调味品。

宝宝应少吃动物肝肾

有不少父母认为，动物肝肾是小儿的营养佳品，因而常常给小儿吃。其实这样做是不对的，小儿过多食入动物肝肾有一定害处。

动物肝肾是解毒器官，它们含有的有毒物质和其他化学物质的含量，比肌肉中要多好几倍。这是因为肝组织具有通透性高的特点，血液中的大部分有毒物质都进入肝脏。另外，肾和肝组织内还含有特殊结合蛋白，与毒物亲合能力较高，能把血中已与蛋白质结合的毒物夺过来。如肝、肾组织中含有的金属蛋白质与镉、汞、铝、砷等毒物有较强的亲和力，它使这些毒物长期储存在肝、肾组织细胞内，对小儿健康不利。因此，不要给小儿多吃动物肝肾。

宝宝不宜吃哪些食物

因为幼儿的消化器官发育尚未完善，尤其是吞咽活动尚不健全，所以有些食品如带刺的鱼肉，带壳的虾、蛤类，带骨的鸡、鸭、牛、猪肉，以及整粒的干果如花生、核桃仁、杏仁、榛子等，均不能随意食用，除非去骨或去壳磨成浆后才可食用。另外含有粗纤维的蔬菜如芥蓝、黄豆芽、金针菜、咸菜、泡菜等应切碎后吃。幼儿应少吃易引起胀气的洋葱、生萝卜、干豆类食物，油炸、甜腻食品更应少食。带核的水果如橘子、樱桃、葡萄、桃子、杏子都宜去核后制成水果羹、汁、泥，西瓜要去掉瓜子吃。强刺激性的食品如咖啡、浓茶、咖喱、辣椒等不宜吃。

>> 妈妈讲堂

哪些食物宝宝不能吃？

有刺激性或含咖啡因的食物：如酒类、咖啡、浓茶及辛辣食品等，这些东西都不宜给宝宝吃。有些大人在喝酒时，喜欢用筷子蘸了酒喂给宝宝，以此为乐，这也是不合适的。有的宝宝因此还会产生类似成人的酒瘾，这对宝宝的神经系统发育是有害的。

患有水痘的宝宝的饮食禁忌

禁忌食物：

（1）温热蔬果类：姜、蒜、葱、芥菜、胡萝卜、香菜、蚕豆、荔枝、龙眼、红枣、木瓜、胡桃、葡萄、李子、梅子、橄榄、胡椒、辣椒、山药、黑木耳。

（2）温热鱼肉类：狗肉、羊肉、牛肉、鹿肉、鸡肉、鸭肉、鲤鱼、海虾、鳝鱼、鲢鱼、虾米。

（3）温热食品类：人参精、鹿茸精。

（4）辛燥类食品：辣椒、辣酱、洋葱、胡椒粉、咖喱粉、酒、咖啡、可可、浓茶、味精、芥末、大蒜、羊肉、生姜、韭菜、香菜、八角、海鳗、海鱼、酸菜、酸醋、过甜过咸的食物等。

（5）油腻的食物：如猪油、羊油、牛油、奶油、核桃仁、甜点心、蛋糕、烤鸡、烤鸭、花生油、油炸的麻球、麻花、炸猪排、炸牛排、炸鸡等各种油腻的食物。

食物调养和建议：

（1）食疗以清淡解热的食物为主。

（2）建议食用寒凉蔬果，如西瓜、梨、绿豆、丝瓜、苦瓜等食物。

（3）寒凉的鱼肉类，如兔肉、鳗鱼等食物。

（4）多食具有利尿作用之食物，如玉米须、莲藕、芹菜、鲈鱼等。

第二章

2～3 岁幼儿的营养食谱

喂养 2～3 岁的宝宝除了每日三餐之外，还应给他们加 1～2 次点心，最好是喝点配方奶。如果晚饭吃得早，在睡前 1～2 个小时，还可再喝点奶制品。此时孩子可以进食与其他家庭成员相似的食物，随着语言与社交能力的提高，爸爸妈妈应该和孩子一起进餐，这样在进餐时孩子就会积极参与。

扁豆泥

【原料】

扁豆 100 克，面包屑 50 克，牛奶 20 克，奶酪粉 25 克。

【制作方法】

（1）将扁豆放入水中煮熟煮烂，用汤匙将其碾碎，加入牛奶和面包屑。

（2）用小火边煮边搅拌混合，煮好后撒入奶酪粉拌匀即可。

菠菜泥

【原料】

鲜菠菜 50 克，麻油 1 克，精盐、味精各适量。

【制作方法】

（1）将新鲜菠菜择洗干净，切碎，放入锅内。

（2）煮 15 分钟至熟。加精盐、味精调匀即可。

香蕉泥

【原料】

香蕉1个，开水、柠檬汁各20克。

【制作方法】

（1）将香蕉洗净，剥皮去白丝。把剥好的香蕉切成小块。

（2）放入搅拌器中，加入白糖，滴几滴柠檬汁，搅成均匀的香蕉泥，倒入小碗内，即可。

大枣泥

【原料】

大枣50克，白糖10克。

【制作方法】

（1）将大枣洗净，加入水适量，放入锅内煮15～20分钟，至大枣烂熟取出，去皮、核，加入白糖调匀即可。

（2）将大枣洗净，放入碗内，隔水蒸20～30分钟，去皮、核，加入白糖适量，调匀。

营养功效

枣烂如泥，细腻易食，味美香甜，健脾养胃，补气益血。枣泥富含钙、磷、铁，还含有蛋白质、脂肪、糖类及维生素C等多种维生素，对婴儿缺铁性贫血有较好防治作用。对脾虚、消化不良的婴儿也较为适合。

南瓜糊

【原料】

南瓜10克，肉汤适量。

【制作方法】

（1）将南瓜去皮之后切成小块，炖熟，并过滤。

（2）将南瓜和肉汤1大匙倒入锅中，同煮成糊状即可。

胡萝卜苹果泥

【原料】

胡萝卜 75 克，苹果 50 克，蜂蜜适量。

【制作方法】

（1）将胡萝卜擦碎，苹果去皮切碎。

（2）将胡萝卜放入开水中煮 1 分钟研碎，然后放入锅内用微火煮。

（3）加入切碎的苹果，煮烂后，加入少许蜂蜜调匀即可。

南瓜泥

【原料】

秋季南瓜 1 个。

【制作方法】

（1）将南瓜洗净切成 3～4 块。

（2）打开烤箱，预热至 175℃，将南瓜放入烤箱烤 45～60 分钟，当烤至 25 分钟时，把南瓜翻个身再烤。叉子或牙签如能轻易穿过，则表明已熟。

（3）取出南瓜，每块切成两半后晾凉，并去籽、去皮，用匙压成泥。

红薯泥

【原料】

鲜红薯 50 克，白糖适量。

【制作方法】

（1）将红薯洗净去皮，切碎捣烂，稍加温水，放入锅内，盖上盖，煮 15 分钟。

（2）放在碗内隔水蒸 20～30 分钟，至烂熟。将蒸熟的红薯取出，加入白糖少许调匀即可。

蛋花豆腐羹

【原料】

鸡蛋黄 1 个，豆腐 20 克，骨汤 150 克，小葱末适量。

【制作方法】

（1）蛋黄打散，豆腐捣碎。

（2）骨汤煮开，放入豆腐小火煮，适当进行调味，并撒入蛋花，最后点缀小葱末。

三丁米饭

【原料】

大米适量，猪瘦肉、胡萝卜、土豆各若干。植物油、葱花、花椒面、盐、味精各少许。

【制作方法】

（1）将大米淘洗干净，备用。

（2）胡萝卜洗净切丁（切的丁以黄豆粒大小为宜）。

（3）土豆削皮切丁、瘦肉切丁。

（4）锅内倒入植物油爆一下。

（5）将大米、肉丁先下锅，加适量的水，用大火烧开。

（6）将胡萝卜丁、土豆丁、葱花、花椒面一同放入锅中，加适量的盐（可根据儿童口味和配菜的咸淡来加盐）用勺搅拌，勺子要插底搅动，然后改用小火焖 30 分钟左右。

（7）饭烂停火后，放入味精，并用筷子将饭打开，将三丁拌开。

营养功效

三丁米饭，肉味香浓，含有多种维生素，特别是维生素 A 和钙、磷、胡萝卜素比较丰富。适合宝宝食用，特别对一些不爱吃胡萝卜的儿童，可将胡萝卜切成碎米状，这样食用时无法挑拣。可使儿童获得胡萝卜素。

白菜面糊

【原料】

白菜叶，肉汤。

【制作方法】

（1）将白菜叶切好，加入肉汤3大匙同煮。

（2）将煮烂的白菜叶捣碎，放入锅中，倒入调好的淀粉糊煮，至黏稠时即成。

鱼菜米糊

【原料】

米粉、鱼肉和青菜各15～25克。

【制作方法】

（1）将米粉酌加清水浸软，搅成糊，入锅，旺火烧沸约8分钟。

（2）将青菜、鱼肉洗净后，分别剁成泥，一起放入锅中，煮至鱼肉熟透，调味后即成。

鸡肝糊

【原料】

鸡肝15克，鸡架汤150毫升。

【制作方法】

（1）鸡肝放入沸水中去掉血水，再煮10分钟，取出剥去外衣，放容器内研碎备用。

（2）鸡架汤放入小锅内，加入研碎的鸡肝，煮成糊状，搅匀即成。

鸡内金山楂面饼

【原料】

鸡内金5～10克，山楂10～12克，小麦面粉25～50克，精盐、味精各适量。

【制作方法】

(1) 将鸡内金、山楂共研为细末，与小麦面粉一起加适量清水，再加入精盐、味精调匀成稀糊状备用。

(2) 锅中放植物油适量滑锅后，放入鸡内金山楂面糊，摊匀，煎至两面呈金黄色时即可。

白术粥

【原料】

白术 5～10 克，大米 50～100 克，白糖少许。

【制作方法】

(1) 将白术择净，放入锅中，加清水适量，水煎取汁，加入大米煮粥。

(2) 待粥熟时调入白糖，再煮一二沸即成，待温服食。

骨头汤焖饭

【原料】

大米、骨头汤，比例以 1∶2 为宜。青菜叶、紫菜少许。

【制作方法】

(1) 将用大料、花椒、葱、精盐等调料煮好的骨头汤，用细筛子或纱布过滤好，扔掉骨头渣子(用碎骨头煮汤更要认真过滤)，将汤慢慢倒入锅中。

(2) 将米淘洗干净，倒入锅中，用小火焖成烂饭。然后将青菜叶洗干净，沥去水分，切成小块，紫菜扯成小块，一起撒到饭上。吃时用筷子稍稍拨散即可。

营养功效

骨头汤焖饭，米饭油软，肉香醇厚、好咀嚼、易消化，含有蛋白质、磷、钙、脂肪、碳水化合物等养分。特别是骨头汤中的钙、磷，适于儿童消化吸收，对宝宝骨骼发育很有好处。骨头汤最好选鸡、羊、猪的骨头熬制，一定要新鲜，清淡适口。

牛乳粥

【原料】

牛乳适量，大米50～100克，白糖少许。

【制作方法】

（1）将大米淘净，放入锅中，加清水适量煮粥，待煮至半熟。

（2）去米汤，加乳汁、白糖，同煮为粥即可，待温服食。

鸡肝面饼

【原料】

鸡肝1个，麦面粉、山药粉各30～50克，精盐、味精、白糖、芝麻各少许。

【制作方法】

（1）将鸡肝洗净，剁烂与麦面粉、山药粉等拌匀。

（2）加入适量清水以及精盐、味精、白糖等拌匀，做成面饼，置热油锅中，煎至两面呈金黄色时，撒上芝麻即可。

猪肝山药面皮

【原料】

猪肝、麦面粉各80～100克，山药100～150克，枸杞子10～12克，酱油、淀粉、葱花、姜末、精盐、味精各适量。

【制作方法】

（1）先将猪肝洗净，切片，加入酱油、淀粉调味备用。

（2）再将山药研成粉，与麦面粉混匀，加清水适量，揉成面团，做成面皮。

（3）锅中放适量清水，煮沸后，放入面皮煮沸，然后加枸杞子、猪肝，煮熟，加入葱花、姜末、精盐、味精调味即可，待温服食。

冬瓜羊肉丸子汤

【原料】

冬瓜 30 克，瘦羊肉 50 克，枸杞子、姜、葱、盐、淀粉各适量。

【制作方法】

（1）冬瓜去皮、去籽后切成片；羊肉剁成肉泥后加入淀粉腌好；姜切片；葱切成葱花。

（2）锅内放油加热，放入姜片炝锅，加适量水，加入冬瓜，用中火煮至冬瓜六成熟。

（3）把羊肉泥做成丸子状放入锅中，然后放入枸杞，煮至丸子熟，出锅前放盐，撒入葱花即可。

山药羊肉汤

【原料】

羊肉 100 克，山药 50 克，姜、盐各适量。

【制作方法】

（1）羊肉洗净，切成片；姜切片，一起放入砂锅中，加适量清水，用小火炖至羊肉熟烂。

（2）山药去皮切片，放入羊肉汤内煮烂，出锅前放入盐调味即可。

蛋花紫菜汤

【原料】

干紫菜 5 克，鸡蛋 1 个，虾皮、葱、盐、香油各适量。

【制作方法】

（1）将紫菜放入碗里用清水泡开，鸡蛋打散。

（2）锅内放适量水，煮沸后放入紫菜。

（3）再将蛋液倒入，煮至锅开。出锅前放入盐调味，撒上葱花、虾皮、香油即可。

紫菜蛋卷

【原料】

鸡蛋1个，油菜50克，紫菜、植物油各适量。

【制作方法】

（1）油菜洗净，放入沸水锅中焯熟，捞出切碎。

（2）紫菜用清水泡开。

（3）平锅内倒油加热，倒入打散的鸡蛋，摊成一个薄饼。

（4）把紫菜和油菜末放在鸡蛋饼上卷成一个卷，切成小块即可。

红枣花生粥

【原料】

花生20克，红枣6个，大米适量。

【制作方法】

（1）把花生洗净去皮，放入锅内加清水煮至六成熟时，加入红枣继续煮至烂熟。

（2）把煮熟的红枣去皮去核后和花生一同研成泥。

（3）将米淘洗干净放入锅中，加清水煮成稀粥。

（4）粥熟后放入红枣花生泥即可。

鲢鱼肉丸汤

【原料】

鲢鱼肉300克，火腿末5克，火腿片10克，水发香菇1枚。料酒、精盐、味精、葱姜、鸡油、猪油各适量。

【制作方法】

（1）将鱼肉洗净斩成肉泥，加水、盐少量，放入钵中，顺同方向搅拌至有黏性时，再加水少许拌匀，放置5分钟加入葱末、姜末、火腿末、味精、料酒，熟猪油，拌匀成茸，用手挤成樱桃大小的鱼丸约20颗，入锅中汤里烧开。

（2）将盐、味精、鸡油放入大汤碗中，加入做鱼丸的原汤，再用漏勺轻轻地将鱼丸盛入汤碗。将火腿片放在鱼丸上面成三角形，香菇用做鱼丸的原汤焯熟，放在用火腿片摆成的三角形中间，撒上葱段即成。

营养功效

鲢鱼性味甘温，具有温中益气、暖胃、润泽皮肤的功效。内含较高的蛋白质和人体所需的多种氨基酸、微量元素。对于小儿体弱、久病不愈或病后气血虚衰、脾胃虚寒、营养不良而引起的皮肤粗糙或皮肤干瘪枯槁无华等病症最为适宜，可以起到滋润补虚的作用。

黑芝麻花生粥

【原料】

花生 20 克，大米、黑芝麻、冰糖各适量。

【制作方法】

（1）把花生用清水泡 4 个小时，大米、黑芝麻淘洗干净。

（2）锅内加水，把大米、花生、黑芝麻放入，用小火煮至花生熟烂，粥成浓稠的糊状，出锅前放入冰糖搅匀即可。

蜂蜜大米饭

【原料】

牛奶 200 克，大米 40 克。蜂蜜 10 克。

【制作方法】

（1）将牛奶 200 克入锅烧开，加入蜂蜜，撒入淘洗干净的大米，搅拌均匀焖熟。

（2）将米饭盛入小碗内，待完全晾凉后喂食，在晾的过程中，饭粒会将牛奶全部吸收完。

豆腐软饭

【原料】

大米，豆腐，青菜，炖肉汤（炖鱼汤、炖鸡汤、炖排骨汤均可）适量。

【制作方法】

（1）将大米淘洗干净，放入小盆内加入清水，上笼蒸成软饭待用。

（2）将青菜择洗干净切成末，豆腐放入开水中煮一下，切成末。

（3）将米饭放入锅内，加入肉汤一起煮，煮软后加入豆腐、青菜末稍煮即成。

肉末软饭

【原料】

大米，茄子，葱头，芹菜，瘦猪肉末，植物油，酱油，精盐，葱、姜末少许。

【制作方法】

（1）将米淘洗干净，放入小盆内，加入清水，上笼蒸成软饭待用。

（2）将茄子、葱头、芹菜择洗干净，均切成末。

（3）将油倒入锅内，下入肉末炒散，加入葱、姜末，酱油搅炒均匀，加入茄子末、葱头末、芹菜末煸炒断生，加少许水、精盐，放入软米饭，混合后，尝好，稍焖一下出锅即成。

营养功效

饭要蒸成软饭，菜、肉要切末，饭菜混合后要烧透、煮烂。这种制作方法所用的菜可千变万化，具体放哪种菜适合宝宝口味、营养素需要，可根据时令菜变化灵活掌握。肉末可改为鸡末、鱼末、肝末等。

鸳鸯面汤

【原料】

面粉100克，熟鸡肉丝35克，虾仁25克，鸡蛋2个，菠菜50克，香油、精盐、味精、高汤各适量。

【制作方法】

(1) 将鸡蛋磕开，分别将蛋清、蛋黄放在两个碗内，每碗内加面粉 50 克，和成硬面团略饧。然后将两块面团分别揉匀，擀成薄片，撒上铺面叠起，切成细面条，分别放入两个碗内。

(2) 将菠菜择洗干净切段，用开水焯过，虾仁也用开水焯一下。

(3) 将面锅置火上，放入高汤，加入精盐、味精，待汤开后，下入鸡肉丝、虾仁、菠菜。汤再开时，把分别煮熟的两种面条，盛碗时分别放在碗的两边。锅内加入香油，起锅盛入碗内即成。

油菜海米豆腐

【原料】

豆腐，油菜，海米，植物油，香油，精盐，味精，水淀粉，葱花。

【制作方法】

(1) 将豆腐切成 1.5 厘米见方的丁；海米用开水泡发后切成碎末；油菜洗干净切碎。

(2) 将油放入锅内，热后下入葱花炝锅，投入豆腐、海米末，翻炒几下再放入油菜，炒透后加入精盐勾芡，最后放入味精和香油即成。

芝麻肝

【原料】

猪肝，鸡蛋，芝麻，面粉，植物油（实耗 200 克）、精盐、味精、葱末、姜末、花椒盐各适量。

【制作方法】

(1) 将猪肝切成 3 厘米长、0.3 厘米厚的薄片，用精盐、味精、葱末、姜末拌好，蘸上面粉、鸡蛋汁和芝麻。

(2) 将油放入锅内，烧至七成热，放入猪肝，炸透出锅装盘，吃时蘸椒盐。

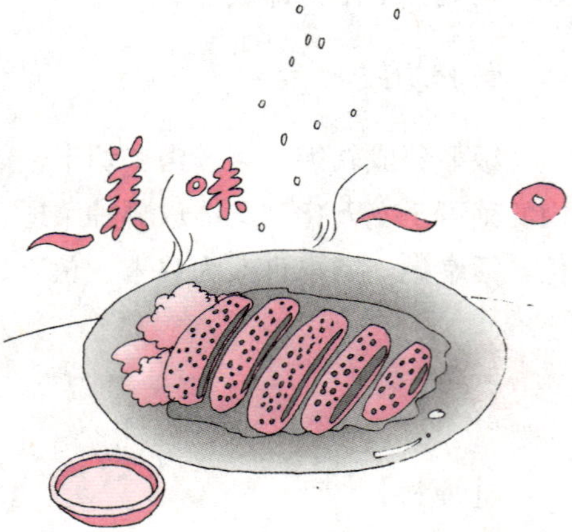

鸡肉饭

【原料】

鸡胸肉 20 克，大米 30 克，胡萝卜 1 片，黄瓜 2 片，酱油 3 克，白糖 5 克，料酒 1 克。

【制作方法】

（1）将大米加适量水煮成软饭。

（2）将鸡肉洗净，切为极细肉末，放入锅内，加入酱油、白糖、料酒，边煮边搅拌，使其均匀混合。

（3）将煮好的肉末放在米饭上，切一小片胡萝卜、两小片黄瓜放在肉末上调色，以诱发婴儿食欲。再一起焖熟。

一肝肉泥

【原料】

猪肝 200 克（或瘦猪肉 300 克），细盐适量。

【制作方法】

（1）将肝脏或瘦肉洗净，去筋。

（2）将猪肝或瘦肉放在菜板上或盘上，用不锈钢汤匙沿同一方向以均匀的力量刮。

（3）将刮出的肝泥或肉泥放入碗中，加入少许冷水、盐搅匀，上锅蒸熟或加入粥内煮熟。

冬瓜烫面饺

【原料】

面粉，猪肉（羊肉、牛肉也可），冬瓜，精盐，植物油，葱，姜，香油，味精。

【制作方法】

（1）面粉适量用开水要边烫边和，扒开晾凉，和到不黏手时为好。

（2）猪肉、葱、姜都剁成细末，加入精盐植物油，香油拌匀。

（3）冬瓜洗净去皮和瓤，剁成碎馅，用纱布包好挤出水分，放入猪肉馅中搅拌均匀。

（4）烫面揉好，分成小面剂，擀成饺子皮包上冬瓜猪肉馅。捏成蒸饺，上蒸笼蒸 8～10 分钟即可食用。

营养功效

冬瓜烫面饺，馅内有汤，皮软肉香，清鲜有味，含蛋白质、铁、核黄素等，还可清热消暑。注意烫面饺子皮擀得要薄，馅要大，也可用此法包萝卜猪肉、萝卜牛肉烫面饺，芹菜、白菜、酸菜、胡萝卜、元葱等馅的烫面蒸饺，也可包三鲜蒸饺和素馅饺子。

鸡丝馄饨

【原料】

面粉 100 克，熟鸡丝 10 克，猪肉 60 克，蛋皮丝 10 克，海米末 5 克，香菜末 4 克，紫菜 4 克，香油 4 克，味精 1 克，精盐 2 克，酱油 15 克，葱末 2 克，姜末 1 克，淀粉面 20 克。

【制作方法】

（1）将面粉放入盆内，加入凉水和成面团，把面团揉光，稍饧，擀成 0.1 厘米厚的薄片，边擀边撒上淀粉，擀好后，切成三角形皮。

（2）把猪肉剁成肉蓉，加入酱油 10 克、味精少许、香油 2 克、葱末、姜末，搅匀待用。

（3）将皮拿在手，用筷子头拨馅心，包成菱角形。

（4）将水烧开，把馄饨放入锅内，待馄饨煮熟，加入酱油、精盐、味精，再撒上鸡丝、蛋皮丝、海米末、紫菜、香菜，最后加入香油即成。

鸡丝火腿汤面

【原料】

熟鸡丝、熟火腿丝、盐、豆苗、面条。

【制作方法】

（1）煮熟面条盛碗内。

（2）鸡汤加盐烧开，浇在面上，撒上鸡丝、火腿丝、豆苗即可。

素炒绿豆芽

【原料】

绿豆芽100克，花生油5克，精盐、醋各少许。

【制作方法】

（1）将绿豆芽择去须、豆并洗净。

（2）锅置火上，放油烧热后，放入豆芽菜，用旺火快炒，至将熟时，放入精盐、香醋，再炒翻几下即可。

炝菜花

【原料】

胡萝卜25克，黄瓜30克，菜花50克，熟豆油30克，精盐、味精、花椒粒、香油各适量。

【制作方法】

（1）把菜花掰成小块，胡萝卜切小菱形片，均用开水焯，半生时捞出，用凉水过凉，控出水分装盘。

（2）浇上炸好的花椒油，略焖一会儿，再加精盐、味精、香油，拌匀即成。

黑木耳炒肉片

【原料】

水发黑木耳100克，瘦肉片100克，黄酒20克，淀粉15克，素油25克，虾仁5克，盐、葱花，姜、糖少许。

【制作方法】

（1）将木耳洗净先入锅沸水烧两个开后取出。

（2）虾仁、肉片加酒、盐、淀粉上浆，油烧开后放进肉片虾仁炒几下，加酒、姜、木耳、盐，少加点水拌匀烧开，撒上葱花，水淀粉勾薄芡即可。

豌豆炒肉丁

【原料】

豌豆150克，猪肉100克，青椒1个，酱油、盐、葱末、花椒油、豆油、湿淀粉、高汤适量。

【制作方法】

（1）将肉切成1厘米见方的丁，青椒洗净去籽，切成同样大的丁。

（2）勺内放油，先下肉丁煸炒，再下葱末、豌豆、青椒、酱油、盐、汤煸炒几下，勾芡，淋香油翻炒几下出勺即可。

翡翠蛋饼

【原料】

菠菜（叶多为好），鸡蛋，熟鸡胸脯肉（或熟猪肉），精盐、味精、植物油、葱花各少许。

【制作方法】

（1）将菠菜洗净，切成碎末。

（2）鸡胸脯或熟瘦猪肉，切成碎末。

（3）鸡蛋打入碗中，加精盐、葱花，充分搅打直到蛋液起泡。然后将肉末、菠菜末放入蛋液中搅拌均匀。

（4）锅中倒入植物油，待油烧至六成热时即将蛋液倒入锅中。轻轻转动炒锅。使鸡蛋凝成圆饼。煎到两面焦黄就可出锅，装入平盘中。

营养功效

此菜蛋黄菜绿。蛋结成圆饼，饼中斑斑翠绿，所以叫翡翠蛋饼，菜味清淡鲜美，含铁、蛋磷质、蛋白等，对预防贫血、健脑都很有利。也可用黄瓜切末，和入蛋液中摊饼。还可用韭菜末搅入蛋液摊搅。味、色、营养都很好。

鸡汤南瓜

【原料】

南瓜适量，鸡肉末25克，虾肉25克，香菇5克，酱油少许。

【制作方法】

（1）把南瓜去皮去籽切碎，将用热水泡发的香菇洗净切碎。

（2）将切碎的南瓜、香菇、鸡肉、虾肉混合一起放入锅里，加适量鸡汤上火煮熟，快出锅时加少许酱油即可。

红枣山药粥

【原料】

红枣5个，山药25克，大米50克，白糖适量。

【制作方法】

（1）红枣泡发，去核切丁，山药去皮切丁。

（2）将大米熬粥，然后将红枣、山药放入，熟烂即可。

牛奶土豆泥

【原料】

牛奶200毫升，土豆50克，糖少许。

【制作方法】

（1）牛奶煮沸消毒，土豆洗净煮烂捣成泥状后加入牛奶拌匀。

（2）加入适量的糖即可。

荠菜馄饨

【原料】

馄饨皮250克，肉末125克，荠菜300克，海米末（或虾皮）、香菜末、紫菜各适量，香油，精盐，味精，白糖，料酒，酱油。

【制作方法】

（1）将荠菜洗净，放沸水锅内烫一下，捞入凉水内过凉，挤干水分切碎。

肉末放入碗内，加精盐、味精、白糖、料酒、香油及清水 25 克，拌搅上劲后，加入荠菜调和成馅。

（2）将馄饨皮放在左手掌上，挑入馅心，包成馄饨。

（3）将海米末（或虾皮）、香菜末、紫菜、酱油、味精放入碗内，再将馄饨放入沸水锅内煮熟，捞入碗内，浇入原汤，调匀。

碗蜂糕

【原料】

面粉 100 克，面肥 10 克，白糖、京糕、青梅、碱面、油各少许，水适量。

【制作方法】

（1）将面粉放入盆内，加入面肥水调成软面团，发酵，要发老一些，然后加碱水、白糖拌匀。

（2）准备 5 个小碗，洗净后抹点油，把软面团分到 5 个碗内，上面撒上京糕丁、青梅丁。上屉，用旺火蒸 30 分钟即成。吃时一切两半即可。

千层糕

【原料】

精粉 100 克，面肥 10 克，植物油，精盐，碱面，清水。

【制作方法】

（1）将精粉放入盆内，加入面肥、温水和成面团，使其发酵。至前半发起时对入碱水，揉匀稍饧待用。

（2）将面团擀成 0.3 厘米厚的薄片，抹上一层油，撒上精盐，卷成卷，用手按成宽 10 厘米的条，用旺火蒸 25 分钟取出，稍晾一下，从中间顺长切开，然后切成方块即成。

天津包

【原料】

富强粉 100 克，面肥 10 克，猪肉 50 克（肥 3 瘦 7），香油、酱油、葱末、姜末、味精、精盐、碱面各适量。

【制作方法】

（1）将面粉调成两种面团，夏天调一半加面肥，发成酵面，一半用水面（冬天则调七成酵面、三成水面），两样面团再揉在一起，对碱，揉至光润，成为嫩酵面团。

（2）将猪肉剁成小碎（或用大眼绞肉机绞碎），放入姜末、精盐搅匀，加入酱油再搅，略有黏性，加水打馅，水量根据肉质（新鲜程度）而定，最多加水175克左右，要分几次加入，边加边搅，每次加水不要太多，顺着一个方向搅，搅至水加完，呈黏稠状，临包时再将香油、味精、葱末倒入拌匀。

（3）将面团放在案板上，搓揉成条，揪50克4个的小剂，按扁，擀成圆皮，包入馅，收口捏褶16～18个，码入屉内，用旺火蒸12分钟即熟。

营养功效

汁多味鲜，香而不腻。面不要发得太老，还要加入3～5成的水面，使之成为嫩酵面团。肉以瘦肉为主，不能绞得太碎。加水时要分数次加入，不要一次加水过多。包要个小、皮薄、馅大。

土豆盒

【原料】

土豆，猪肉，精盐、酱油、味精、淀粉、食用油。

【制作方法】

（1）将土豆刮皮，洗净，切成2～3厘米厚圆片。再从中间切开2/3，使土豆成为夹片。

（2）猪肉剁成馅，加精盐、酱油、味精搅拌均匀。

（3）将淀粉调成稠糊。

（4）将肉馅夹入土豆片中，一一夹好后备用。

（5）起油锅，待油烧热后，将夹肉的土豆片，在淀粉碗中蘸一下，放入热油中炸成金黄色，土豆盒就炸好了。

什锦甜粥

【原料】

小米、大米、绿豆、花生米、红枣、核桃仁、葡萄干各适量，红糖或白糖适量。

【制作方法】

（1）将小米、大米、绿豆、花生米、核桃仁、红枣、葡萄干分别淘洗干净。

（2）将绿豆放入锅内，加入少量水，煮至七成熟时，向锅内加入开水，下入大米、小米、花生米、核桃仁、红枣、葡萄干，推搅均匀，开锅后，转用微火煮熟烂，加入红糖或白糖，稍熬一下即成。

蘑菇盒

【原料】

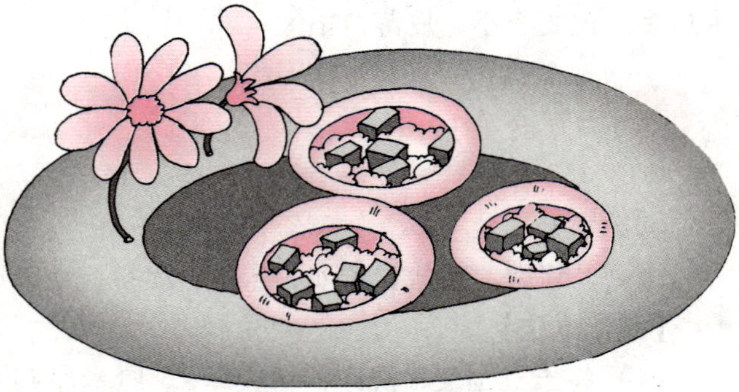

蘑菇（选一样大小的蘑菇头），鸡蛋。淀粉适量，猪瘦肉、鸡汤（或肉汤）、葱、精盐、味精、酱油、香油各少许。

【制作方法】

（1）将蘑菇（人工白菇最好）洗净去蒂，放水中泡开（新鲜菇就不必泡），捞出后挤去水分，摊开压平。

（2）猪肉剁成馅、葱切成末、鸡蛋打入碗内，加上淀粉、酱油、精盐、味精一起拌匀。

（3）将拌好的馅按蘑菇的大小摊在蘑菇片上，用另一片蘑菇盖起来，成为一个蘑菇盒。制好后，一个一个按顺序摆入盘中，上蒸笼蒸 15 分钟左右取出。

（4）另起锅将鸡汤（或肉汤）、酱油、精盐适量放入锅中调成芡汁，浇在蘑菇盒上即可食用。

松花肉

【原料】

猪瘦肉，鸡蛋，白菜心，蘑菇。葱、味精、酱油、精盐、面粉、五香粉、食用油各少许，香菜叶。

【制作方法】

（1）先将鸡蛋清打入碗内，充分搅打，直到出白泡，然后加入面粉、蛋黄、味精、精盐搅匀。

（2）猪瘦肉、白菜心、蘑菇、葱切成碎末，加入酱油、五香粉、味精等。炒勺加食用油烧热，油开后将猪肉、白菜末等入勺炒熟，倒入碗中待用。

（3）用微火烧锅，倒入植物油，待油开后把搅匀的鸡蛋泡沫倒入一半，煎至稍稍凝固，成为圆饼形时。把已炒好的瘦肉、白菜倒在蛋饼的中心，再把另一半鸡蛋沫倒入，盖在瘦肉末上。然后淋上点儿熟油，煎到蛋饼呈牙黄色出锅，摆上香菜叶，即可食用。

胡萝卜泥

【原料】

胡萝卜（南瓜、红薯、土豆也可）150 克，植物油 20 克，精盐少许，酱油 7 克。

【制作方法】

（1）将胡萝卜洗净，切成小块，放入锅内，加入适量清水煮烂，用汤匙捣成泥状。

（2）锅置火上，加入植物油，倒入酱油，放入菜泥、少许盐，不断翻炒均匀即成。

营养功效

胡萝卜泥含有丰富的胡萝卜素，其含量为土豆的 360 倍，芹菜的 36 倍，苹果的 45 倍，柑橘的 25 倍，还含有碳水化物、钙、铁及维生素 C、维生素 B_1、维生素 B_2 等多种营养物质。胡萝卜素被吸收后能转变成维生素 A，可维护眼睛和皮肤的健康，又有补中气、利胸膈、安五脏的功效，很适宜婴儿食用。

丸子烧白菜

【原料】

肥瘦猪肉馅 100 克，净白菜 200 克。植物油 1 千克（实耗 50 克），酱油，精盐，料酒，味精，水淀粉，葱、姜末少许，高汤（水）。

【制作方法】

（1）将白菜切成 2 厘米长、0.5 厘米宽的条；肉馅放入盆内，加入葱姜末、酱油、料酒、精盐、水淀粉搅拌均匀，挤成直径 1.5 厘米大小的丸子，下入七八成热的油内，炸成金黄色捞出待用。

（2）将植物油放入锅内，热后，下入葱姜末炝锅，投入白菜条煸炒断生，加入酱油、精盐、高汤（水）、丸子，开后加入味精、料酒，勾芡即成。

菠菜蛋羹

【原料】

菠菜 30 克，鸡蛋 1 个，盐、油、味精适量。

【制作方法】

（1）菠菜洗净切成末，鸡蛋搅匀。锅内加入适量水，煮开后加入菠菜末。

（2）煮 3 ~ 5 分钟后加入鸡蛋，边加边搅，加入盐、油、味精适量，煮开即成。

鱼肉豆腐羹

【原料】

新鲜鱼 1 条，豆腐 100 克，油、盐、葱、姜、味精、淀粉等适量。

【制作方法】

（1）将鱼去鳞去鳃去内脏洗净后置容器中，加盐、姜、葱，上锅蒸熟后去刺、骨，取鱼肉捣成鱼泥备用。

（2）豆腐加适量水煮熟后加入鱼泥，加油、盐、味精后用淀粉勾芡即成。

猪肉豆腐羹

【原料】

猪肉20克，豆腐30克，鲜汤、淀粉、盐、葱、姜少许。

【制作方法】

（1）猪肉洗净剁成肉糜，起油锅下肉糜、葱、姜、盐煸炒熟。

（2）豆腐切碎下锅加适量鲜汤煮熟，再加入煸炒熟的肉糜和盐，煮片刻后加水淀粉勾芡即成。

生菜肉末羹

【原料】

生菜30克，瘦猪肉20克，姜、葱、盐、油、料酒、淀粉少许。

【制作方法】

（1）生菜洗净切成细末，瘦猪肉洗净剁成肉末。猪肉末下油锅并加入姜、葱煸炒后加料酒和适量水煮熟。

（2）加入生菜末、盐和淀粉再煮3～5分钟即成。

杏仁苹果豆腐羹

【原料】

豆腐3块，杏仁24粒，苹果1个，冬菇4只，盐、香油、水淀粉各少许。

【制作方法】

（1）将豆腐切小块置水中泡一下，捞起，将冬菇搅成蓉并压成泥，将豆腐块和冬菇泥一起煮熟，放盐、香油调味，用水淀粉勾芡成豆腐羹。

（2）杏仁去皮，苹果切粒，搅成蓉。

（3）待豆腐羹冷却，加杏仁、苹果糊拌匀即成。

（4）制作时一定要将原料搅成细蓉，没有颗粒。

番茄鱼排

【原料】

黄鱼1条（约500克），鸡蛋2个，面包粉50克，面粉、精盐、料酒、番茄酱、白糖、白醋、花生油各适量。

【制作方法】

（1）将黄鱼收拾干净，去掉皮骨，鱼肉斜切成大的薄片成鱼排，用精盐、料酒拌匀腌10分钟。

（2）将鸡蛋磕入碗内打匀，把腌过的鱼排蘸一层面粉，拖一层蛋液，两面均匀地蘸上面包粉压实，放入六成热的油锅内，炸呈金黄色捞出沥油，用刀切成小块，码入盘内。

（3）锅置火上，放油少许，加入番茄酱、白糖、白醋及少许水，炒至溶化，浇在鱼排上即成。

营养功效

黄鱼味道鲜美，营养丰富，是海味中的佳品。此菜含有丰富的优质蛋白质和钙、磷、铁等矿物质。用番茄酱作调料，增加了维生素C和胡萝卜素，适宜幼儿食用，有利身体健康。制作时，鱼排蘸上面包粉要压实，防止脱落，油温不宜太高，防止炸糊。

猪肝泥豆腐羹

【原料】

猪肝泥20克，豆腐100克，鲜汤、盐、味精、淀粉适量。

【制作方法】

（1）将豆腐用适量鲜汤煮熟后加入猪肝泥煮3~5分钟。

（2）加适量的盐、味精，用淀粉勾芡即成。

鱼肉羹

【原料】

新鲜鱼肉15~20克，小青菜30克，葱、姜、盐、料酒、淀粉少许。

【制作方法】

(1) 将鱼肉剁成肉糜，小青菜洗净切成细末状。

(2) 锅内盛小半碗水煮开，下鱼肉糜，加入少许料酒、姜末、葱花、盐，将鱼肉糜煮熟，然后加入青菜末再煮3~5分钟，加入生粉勾芡即成。

松子肉羹

【原料】

瘦猪肉30克，松子30克，鸡蛋清、鲜汤、料酒、味精、盐、淀粉少许。

【制作方法】

(1) 瘦猪肉洗净剁碎，加入料酒、味精、盐、淀粉、蛋清拌匀。起油锅至三四成热时，放入松子及肉末炒熟取出，沥去油，并将松子剁成小末状。

(2) 锅内放入少许鲜汤，然后放入肉末、松子末煮熟，以水淀粉勾芡即成。

什锦粥

【原料】

粳米50克，猪肝20克，胡萝卜30克，菠菜30克，油、味精、鲜汤、葱、姜、酒、盐适量。

【制作方法】

(1) 猪肝洗净剁成泥，胡萝卜、菠菜洗净切成小碎块。

(2) 粳米洗净煮成粥。猪肝泥、胡萝卜、菠菜加入鲜汤煮熟后加入粥内，加油、盐、味精等调料稍煮片刻即成。

肝泥蛋黄粥

【原料】

新鲜猪肝20克，鸡蛋1个，粳米50克，盐、油、酒少许。

【制作方法】

(1) 猪肝洗净刮成泥，鸡蛋煮熟取出蛋黄捣碎，粳米洗净加适量水煮成粥后加入肝泥、蛋黄末。

(2) 加入少许酒、盐、植物油后煮熟即成。

核桃仁粥

【原料】

核桃仁 15 克，粳米 50 克，糖少许。

【制作方法】

（1）将核桃仁炒熟后捣成粉末状，粳米洗净下锅煮成粥。

（2）加入核桃粉末，加白糖少许调匀即成。

青菜香菇鸡肉粥

【原料】

粳米 50 克，青菜 30 克，鲜香菇 15 克，鸡脯肉 20 克，姜、葱、盐、油、味精少许。

【制作方法】

（1）鸡脯肉洗净剁成鸡肉糜，青菜、香菇洗净切成碎末。

（2）起油锅下姜末、葱花、鸡肉糜、香菇末炒熟。洗净粳米加入适量水煮成粥后加入炒熟的鸡肉糜、香菇，煮片刻后加入青菜末煮 3 ~ 5 分钟，最后加盐、味精即可。

花生芝麻粥

【原料】

花生 5 ~ 10 克，芝麻 5 ~ 10 克，粳米 50 克，白糖少许。

【制作方法】

（1）将花生、芝麻去杂质洗净，然后炒熟研成细粉状，粳米洗净煮成粥。

（2）在粥内加入花生及芝麻粉、白糖少许搅拌均匀即成。

百果粥

【原料】

大米，花生米，栗子仁，核桃仁，芸豆，红小豆，果脯等，白糖少许（果仁可以根据自己条件放，如榛子仁、红果等)。

【制作方法】

(1) 先将花生米、芸豆，用少量水煮软，将水倒掉。

(2) 重新加水，将栗子仁、红小豆、花生米、芸豆粒等放入同煮。先用大火烧开后改用小火慢煮，直到煮至果酥米烂为止。

(3) 将青果（或果脯）切成小丁，撒在烂粥里。

(4) 吃时放入适量白糖。

营养功效

百果粥，营养丰富，含磷、钙多种维生素，香甜滑润，很受儿童欢迎。粥中果品，可根据当地和自己条件来增减变化。制作方法简单，味道鲜美。是一种美味甜粥。由于果品是根据自己口味来调节的，因此应选择相宜的品种搭配

牛奶香蕉糊

【原料】

牛奶 150 毫升，香蕉 1 个，白糖 1 匙。

【制作方法】

(1) 香蕉去皮以匙背压成泥状，加入消毒后的牛奶、白糖，搅拌均匀即成。

(2) 冬季食用可以微微加温。

什锦豆腐

【原料】

豆腐 50 克，青菜叶 10 克，熟鸡蛋 1 个，淀粉 10 克，精盐、葱姜水各少许。

【制作方法】

(1) 将豆腐煮一下，放入碗内研碎，青菜叶洗净，用开水烫一下，切碎后也放在碗内，加入淀粉、精盐、葱姜水搅拌均匀。

（2）将豆腐泥放一方盘内，再把蛋黄研碎撒一层在豆腐泥表面，放入蒸锅内用火蒸 10 分钟即可喂食。

（3）菜的口味不宜过咸，以利婴儿食用。

肉松

【原料】

猪瘦肉、酱油、精盐适量，葱、姜、糖各少许。

【制作方法】

（1）先将纯的猪瘦肉洗净后切成 3 ~4 厘米厚，长 3 厘米左右的长方片，然后将肉片放入锅中加水（水以刚浸过肉片为宜）煮开。

（2）撇去浮沫，放入整根的葱和整块的姜，盖上锅盖文火慢熬 3 ~4 小时，使汤汁收紧，再将精盐和酱油适量加入文火再煮 1 ~2 小时，使汤汁都收干（如果汤太多）。

（3）可用旺火收汤，筷子将肉丝搅碎，用小火翻炒，炒至水汽散净后加糖少许，将肉炒至丝状即可。

百花蛋羹

【原料】

鸡蛋 2 个，油菜、青椒、胡萝卜、火腿、冬菇、圆白菜、虾仁各 20 克，猪血 50 克，均切成 0. 5 厘米碎丁，番茄酱 20 克，白糖 25 克，精盐、醋各适量。

【制作方法】

（1）鸡蛋打散，加适量水，上屉蒸成软嫩适度的蛋羹。

（2）炒锅上火烧热，放底油 30 克，用姜末炝锅，倒入各种碎丁，用油煸炒至热倒出待用。

（3）炒锅上火，打底油，下番茄酱、醋、白糖、精盐、水，煸炒汁至红亮倒入煸热的小丁炒均匀。淋少许香油，浇在蛋羹中即成。

黄鱼汤

【原料】

黄鱼1条（约800克），雪菜50克，冬笋50克，肥肉50克，味精、料酒、精盐、葱、姜、猪油、鸡油各适量。

【制作方法】

（1）将黄鱼洗净，把雪菜劈开，洗净，挤去水分，切碎，冬笋和肉均切成小片，葱、姜用刀拍，猪油烧开后，放入鱼两面煎，不要煎出硬皮。

（2）锅中加入高汤，放上黄鱼、雪菜、冬笋和肥肉以及调料，在急火上烧开，撇去浮沫，盖上盖，在文火上烧10分钟。再放到急火上烧开，捞去葱、姜，撒上味精，淋入鸡油即成。

枣泥桂圆羹

【原料】

桂圆肉50克，金丝蜜枣500克，桂花糖10克。

【制作方法】

（1）桂圆肉用温水泡软，用凉水冲洗干净。

（2）金丝蜜枣洗净放入锅内，用净水烧开煮1小时，然后做成枣泥，重新放入锅中，煮枣的原汁也倒入锅中，放上桂花糖，后放入桂圆肉煮20分钟，即成。

奶油菜花

【原料】

菜花100克，牛奶50克，猪油10克，味精2克，肉汤少许，精盐适量。

【制作方法】

（1）将菜花掰成小朵，洗净，用开水烫一下。

（2）锅置火上，放入猪油烧热，将菜花倒入，少加点肉汤或水烧开，烧五成熟，放入精盐及味精。将牛奶调入淀粉内，搅匀，倒在菜花上拌匀，烧开即成。

杂粮米粥

【原料】

大米、小米、高粱米、玉米渣、糯米等各种米。

【制作方法】

（1）分别将米淘洗干净、备用。

（2）锅中水开后放入最大粒的米，如玉米渣先煮，煮软后放高粱米，按粒大小依次下锅。煮烂停火。

营养功效

米味浓厚，清香适口，别具一格。使儿童能吃到各种杂粮，多方面吸收营养，各种米混合也会使儿童感到新鲜，引起食欲。高粱米等应事先用水泡多时，或选用高压锅可使米更快煮烂。

青椒肉块

【原料】

青椒100克，瘦猪肉150克，酱油、姜葱丝、蒜片、醋、精盐、味精、花椒水各适量，豆油75克，湿淀粉100克。

【制作方法】

（1）把猪肉切成1.5厘米见方的块，青椒洗净去子切成象眼块。用酱油、味精、花椒水、肉汤、湿淀粉兑成混汁待用。

（2）炒锅内放油烧至五六成热时，把肉块用湿淀粉混汁拌匀，随后把肉块逐块放入油锅内炸成微黄色捞出。炒锅内放少量油，用姜、葱、蒜煸炒出香味，随即倒入青椒煸炒后，倒入肉块，放少许醋，再用湿淀粉勾芡翻炒出锅。

虾仁炒扁豆

【原料】

大虾肉50克，扁豆150克，色拉油、酱油各10克，精盐5克，淀粉5克，料酒、葱各适量。

【制作方法】

(1) 将虾肉剔去背上黑线，洗净，切成薄片，用料酒、酱油、淀粉调汁浸上，扁豆择去两端粗筋，折成两段或三段。

(2) 锅置火上，放油烧热，下虾片炒熟，盛出，用余油快炒扁豆，加些水，将扁豆焖熟，放入虾片、精盐，与扁豆同炒，加入葱花再炒几下，即成。

莴笋炒肉丝

【原料】

瘦猪肉50克，净莴笋100克，炒菜用油10克，滑肉用油100克（实耗5克），酱油2克，精盐2克，味精、水淀粉、葱末、姜末少许。

【制作方法】

(1) 莴笋择去叶、削去皮，洗净切成细丝，瘦猪肉洗净，切成细丝，放入盆内，加入水淀粉、精盐，上浆，用热锅温油划散捞出。

(2) 将炒菜用油放入锅内，热后下入葱姜末炝锅，投入莴笋煸炒断生，加入肉丝搅拌均匀，再加酱油、精盐、水少许，开后勾芡，放入味精搅匀即成。

番茄丸子

【原料】

肥肉馅500克，青菜20克，番茄酱100克，葱末10克，姜末5克，精盐18克，水淀粉15克。

【制作方法】

(1) 将肉馅放入盆内，加入葱姜末、精盐8克、水淀粉，搅匀后加番茄酱，再用力朝一个方向搅，上劲待用。

(2) 锅内放入清水，开后，将馅泥挤成1.5厘米大小的丸子氽入锅内，再加青菜、精盐略煮几分钟即成。

猪肝炒黄瓜

【原料】

猪肝100克，黄瓜50克，水发木耳20克，植物油150克（实耗15克），酱油2克，料酒2克，白糖、精盐、味精、水淀粉、葱、姜、蒜各少许。

【制作方法】

（1）将猪肝洗净切成2厘米长、1厘米宽、0.2厘米厚的片，用水淀粉、精盐上浆，用八成热的油划散捞出待用。

（2）将黄瓜洗净，切成小象眼片，葱、姜、蒜切末，木耳洗净撕成小碎块待用。

（3）将油放入锅内，烧至七成时，放入葱、姜、蒜、黄瓜、木耳稍炒几下，即将滑油的猪肝倒入锅内，迅速淋入料酒，再加酱油、精盐、白糖、味精、高汤或水少许，开后用水淀粉勾芡，出锅即成。

金银蛋饺

【原料】

鸡蛋10个，瘦肉300克，肥肉100克，精盐4克，水淀粉30克，味精5克，葱、姜各10克。

【制作方法】

（1）将鸡蛋磕破，把蛋清、蛋黄分别打入两只碗内，每碗内加入水淀粉、精盐，用筷子打散搅匀，瘦肉剁成末，调味成馅。

（2）将炒菜勺在火上烧热，用生肥肉在勺内擦一下，用小匙取蛋清一匙，倒入勺内，摊成小圆蛋皮，加上肉馅包成蛋饺，共做成15个，用同样方法同做15个蛋黄蛋饺。

（3）两色蛋饺各放碗内一边，蒸10分钟取出，摆在另一盘中，然后勾成白色卤汁，浇在蛋饺上，即成。

虾米菜花

【原料】

菜花 30 克，虾 10 克，白酱油、精盐各适量。

【制作方法】

（1）将菜花洗净，掰成小块，放入开水锅中煮软后切碎。

（2）把虾洗净，放入开水中煮后剥去皮，切碎，加入白酱油、精盐煮，使其具有淡咸味，煮熟烂后倒在菜花上即可喂食。

营养功效

菜花含有蛋白质、脂肪、糖及较丰富的钙、磷、铁和较多的维生素 A、维生素 B、维生素 C 等，尤以维生素 C 的含量为多，每 100 克中约含有 88 毫克维生素 C，是同量大白菜含量的 4 倍，番茄含量的 8 倍。足够的维生素 C 被人体摄入后，不但能够增强肝脏解毒能力，促进生长发育，而且能提高肌体免疫力，坏血病的发生，还可以补充大脑所需的磷质。

香肠炒蛋

【原料】

鸡蛋 2 个，香肠 1 根约 15 克，黄瓜 20 克，植物油、精盐、味精少许。

【制作方法】

（1）将鸡蛋打入盆内，香肠切成碎末，黄瓜去皮、子，切成碎末待用。

（2）将香肠末、黄瓜末放入鸡蛋盆内，加入精盐、味精搅匀。

（3）将油放入锅内，热后，把调好的香肠蛋液倒入锅内，炒熟即成。

牛肝拌番茄

【原料】

牛肝 50 克，番茄 1/4 个。

【制作方法】

（1）将牛肝外层薄膜剥去之后用凉水将其血水泡出，煮烂之后捣碎。

（2）番茄用水焯一下，随即取出，去皮去籽，并捣碎。

（3）将捣碎的牛肝和番茄拌匀。

栗子粥

【原料】

栗子 5 个，海带清汤半杯。

【制作方法】

（1）将栗子煮熟之后去皮，捣碎。

（2）海带清汤煮沸后加栗子同煮。

鱼肉牛奶粥

【原料】

鳕鱼肉 20 克，牛奶 250 克。

【制作方法】

（1）将鳕鱼肉捣碎。

（2）将鱼肉放在小锅里加牛奶煮制，熟后加盐调味。

芋头粥

【原料】

芋头半个，肉汤 1 大匙。

【制作方法】

（1）将芋头皮剥掉切成小块，用盐腌一下再洗净，将芋头炖烂后捣碎并过滤。

（2）将肉汤及芋头放在小锅里煮，并不时地搅一下，煮至黏稠后加酱油调味。

蔬菜鸡肉羹

【原料】

鸡肉 30 克，南瓜 30 克，土豆 30 克，洋葱 30 克，柿子椒 30 克，奶油调味汁 3 大匙。

【制作方法】

（1）将鸡肉、南瓜和土豆切成小块。洋葱、柿子椒切碎。

（2）将切好的南瓜、土豆加清汤煮熟。

（3）用锅炒鸡肉、洋葱和柿子椒。

（4）将（2）料放入（3）料继续炒，倒入奶油调味汁煮制，最后加盐调味。

栗子粥

【原料】

大米粥 1 小碗，栗子 3 个，精盐少许。

【制作方法】

（1）将栗子剥去内膜、外皮后，切碎。

（2）锅置火上，加入适量水、栗子，煮熟后，再与大米粥混合同煮一下，加入少许精盐，使其有淡淡的咸味即可喂食。

营养功效

栗子含有丰富的淀粉、蛋白质、脂肪、糖类、钙、磷、铁、胡萝卜素、维生 B_1、维生素 B_2、维生素 C 等，是一种滋补品，老少皆宜，以补肾的功效最好。栗子煮粥，常食可防治婴儿腹泻、脚软无力、口角炎、舌炎、唇炎等核黄素缺乏症。

排骨焖菜头

【原料】

菜头 200 克，排骨块 50 克，黄豆适量，姜、蒜、花椒、八角、陈皮、葱、芫荽各适量。

【制作方法】

（1）菜头去皮切成丁，与排骨块在滚水中焯一下。

（2）姜拍扁后与去衣的蒜头、沥干水的黄豆用滚油炸一下。

（3）将菜头丁、排骨块、黄豆、姜、蒜头、花椒、八角、陈皮放入锅里，加水（以没过材料表面为好）加盖。旺火烧 15 分钟，其间翻一次锅以保证材料受热均匀，转为小火烧约 30 分钟。放适量的盐，2 ~ 3 茶匙的白砂糖进去拌匀，再将葱、蒜、芫荽扎成整小扎放进去，盖好盖焖约 10 分钟即可。

乳粥

【原料】

牛乳或羊乳适量，大米 60 克，白糖适量。

【制作方法】

（1）先用米加水煮粥，待煮至半熟时去米汤。

（2）加乳汁、白糖同煮成粥。早晚餐热食，空腹时佳。

营养功效

乳类均有补血润燥作用，牛乳为常食的营养滋补食品，富含蛋白质、脂肪、糖类及维生素类，蛋白质中含人体必需的氨基酸。同米煮粥，既可增强健补脾胃的作用，又能延缓在胃肠内消化吸收的时间，加强补益作用。

第五篇

婴幼儿疾病调理食谱

第一章

营养性疾病调理食谱

营养性疾病是因体内各种营养素过多或过少，或不平衡引起机体营养过剩或营养缺乏以及营养代谢异常而引起的一类疾病。病程越长，病情越重，严重影响宝宝的正常生长发育。食疗是一种很好的辅助治疗方式，父母要合理安排宝宝的饮食，以保证宝宝均衡地摄入各种营养素。

猪肝红枣粥

【原料】

猪肝、粳米各50~100克，红枣3~5枚，葱花、姜末、花椒、精盐各适量。

【制作方法】

（1）先将猪肝、红枣洗净，猪肝切细，红枣去核备用。

（2）将红枣与粳米一起加入适量清水煮粥，待粥将熟时，加入猪肝，煮至粥熟，调入葱花、姜末、花椒、精盐等，再煮一二沸即可，待温服食。

猪肝绿豆粥

【原料】

猪肝45~50克，粳米35~50克，绿豆15~20克，精盐、味精各适量。

【制作方法】

（1）将猪肝洗净，切成片备用。再将绿豆、粳米分别淘洗干净后，一同放入砂锅中，加适量清水，用大火烧开。

（2）用小火熬煮成稀粥，放入猪肝，待粥熟时加精盐、味精调味即可，待温服食。

菟丝子粥

【原料】

菟丝子7～10克，粳米35～50克，白糖适量。

【制作方法】

（1）将菟丝子洗净捣碎，加适量清水煎取汁液。

（2）去渣后加入粳米煮粥，粥将成时加入白糖，稍煮即可，待温服食。

雀儿药粥

【原料】

麻雀1～2只，菟丝子10～12克，覆盆子8～10克，枸杞子10～15克，粳米45～50克，精盐适量，葱白2根，生姜2～3片。

【制作方法】

（1）将菟丝子、覆盆子、枸杞子一起放入砂锅内，加适量清水煎取药汁，去掉药渣。

（2）将麻雀宰杀并去毛及肠杂，洗净，用酒炒，然后加入粳米、药汁和适量清水一起煮为稀粥，粥将熟时加入精盐、葱白、生姜，煮成稀粥即可，待温服食。

枸杞猪肝鹌鹑汤

【原料】

枸杞叶150～200克，猪肝80～100克，鹌鹑蛋3～5枚，酱油、淀粉、葱花、姜末、花椒、精盐、料酒、味精各适量。

【制作方法】

（1）先将猪肝洗净，切片，加酱油、淀粉调匀；鹌鹑蛋煮熟，去壳。

（2）枸杞叶洗净备用。锅中放适量清水，煮沸后，调入葱花、姜末、花椒、料酒等，放猪肝煮熟。

（3）然后放入鹌鹑蛋、枸杞叶，再煮一二沸，加入精盐、味精调味即可，待温服食。

菠萝汁红薯

【原料】

碎红薯2大匙，黄油1/4小匙，菠萝汁少许。

【制作方法】

（1）将红薯洗净。

（2）切碎煮软后放入锅内，再加入菠萝汁和黄油一起上火煮，煮至汁液没有为止。

营养功效

菠萝营养丰富，含多种维生素，其中维生素C含量最高，钙、铁、磷等含量也很丰富，中医认为，菠萝性味甘平，具有健胃消食、补脾止泻、清胃解渴等功用。

枣仁蛋汤

【原料】

鸡蛋2个，枣仁5克，冰糖20克。

【制作方法】

（1）鸡蛋连壳煮熟后削去壳。

（2）枣仁放入锅中，加适量清水将其烧滚，然后小火煮20分钟。

（3）将鸡蛋加入枣仁汤里，放入冰糖至融化，即可食用。

水炒鸡蛋

【原料】

鸡蛋100克，小葱50克，精盐、味精、水适量。

【制作方法】

（1）将鸡蛋打入碗内，加少许盐搅匀；小葱去根，择去外皮，洗净，切成1.5厘米长的小段待用。

（2）将水放入锅内，开后倒入鸡蛋汁不断搅炒，待鸡蛋成块，加入精盐、味精，投入小葱搅炒几下即成。

韭菜炒蛋

【原料】

韭菜 300 克，鸡蛋 2 个，植物油、精盐、料酒、味精各适量。

【制作方法】

（1）将韭菜择洗干净，切成 1.5 厘米长的小段；鸡蛋打入盆内打匀待用。

（2）将油放入锅内，热后下入鸡蛋，炒熟后，投入韭菜快速煸炒，同时加入精盐、味精，最后加入料酒，翻炒均匀即成。

肉末胡萝卜炖豆腐

【原料】

豆腐 500 克，肉末、胡萝卜、蒜苗各适量，植物油、精盐、酱油、味精、葱花各适量。

【制作方法】

（1）将豆腐切成 1.5 厘米见方的丁，胡萝卜洗净擦丝，蒜苗择洗干净，切成 1 厘米长的段。

（2）用热油锅煸炒肉末后，放入葱花、酱油，炒出香味后，放入胡萝卜丝继续炒，待胡萝卜炒塌后，加入豆腐和水（以漫过豆腐为度）。待豆腐炖至涨发入味后，加入蒜苗、精盐，起锅前加入味精即成。

肉末烧茄子

【原料】

猪肉、茄子、干口蘑各适量，植物油、精盐、酱油、葱、姜、蒜各适量。

【制作方法】

（1）将猪肉洗净，剁成碎末；口蘑用开水泡开，洗净泥沙，切成小碎块（第一次泡口蘑的水留下备用）；将茄子洗净削去皮，切成 1.5 厘米大小的菱形块。

（2）将油放入锅内，热后投入茄子煸炸至呈黄色，将茄子拨在锅边，加入葱、姜煸炒肉末，然后拨下茄子炒拌均匀，再放入口蘑、酱油、精盐、泡口蘑的水等，烧至茄子入味即成。

营养功效

干口蘑经水泡发后，口蘑汤不能倒掉，经沉淀后炒菜用，汤味十分鲜美。煸炸茄子时油温要热、火要旺，这样茄子才好上色，这种制作方法与炒茄子的区别是用油较多，茄子需先用油炸或煸炸熟，然后再加入调味品同烧。

绿豆芽炒肉丝

【原料】

瘦猪肉100克，绿豆芽适量。炒菜用油80克，滑肉用油1千克（实耗45克），精盐、醋、葱、姜丝、水淀粉各少许。

【制作方法】

（1）将绿豆芽择洗干净，控净水分待用，瘦猪肉洗净，切成细丝，放入盆内，加入水淀粉、精盐上浆，用热锅温油滑散，捞出待用。

（2）将油放入锅内，热后下入葱、姜丝炝锅，投入绿豆芽煸炒断生，加入肉丝翻炒均匀，加入精盐、醋，翻炒几下即可出锅。

炸熘肝尖

【原料】

猪肝，玉兰片，水发木耳，荸荠（马蹄），青菜心，植物油1.5千克（实耗150克），酱油、精盐、料酒、醋、水淀粉、葱末、姜末、蒜末各适量。

【制作方法】

（1）将猪肝切成长2厘米、宽1厘米、厚0.2厘米的片，用水淀粉35克、精盐7克抓匀上浆；荸荠切片，青菜心切成1.5厘米长的小段，玉兰片切成1.5厘米大小的象眼片，木耳洗净撕成小块，均用开水烫一下；将清汤、酱油、水淀粉、料酒、精盐放入一个碗内，兑成汁待用。

（2）将油放入锅内，中火烧至七成热，将猪肝逐片下入油内炸，至呈红色漂起在油面时捞出，原锅内留少量油，放入葱、姜、蒜末，炸出香味时烹入醋，随即将配料和炸好的猪肝倒入翻炒，再倒入兑好的汁翻炒均匀，使其与汁混合，盛入盆内即成。

奶汁生菜

【原料】

新鲜生菜 50 克，牛奶 200 毫升，油、盐少许。

【制作方法】

（1）将生菜洗净切成细末状，起油锅将生菜煸炒至软。

（2）加少许盐、水煮熟，加入牛奶再煮开即成。

多彩豆腐糊

【原料】

嫩豆腐 30 克，鸡蛋 1 个，瘦猪肉 20 克，胡萝卜 15 克，青菜 30 克，鲜汤、盐适量。

【制作方法】

（1）将瘦猪肉洗净剁成肉糜，胡萝卜、青菜洗净切成小碎末状，鸡蛋打开调匀。

（2）起油锅将肉糜煸炒熟后加入适量鲜汤，将肉糜煮熟后加入嫩豆腐碎块，煮 5 ~ 6 分钟后再加入胡萝卜、青菜末煮片刻，加入搅匀的鸡蛋，边加边搅，煮开后加入适量的盐即成。

西红柿肝末

【原料】

猪肝 200 克，西红柿 200 克，葱头 100 克，精盐 7 克。

【制作方法】

（1）将猪肝洗净切碎，西红柿用开水烫一下剥去皮切碎，葱头剥去皮洗净切碎待用。

（2）将猪肝、葱头同时放入锅内，加入水或肉汤煮，最后加入西红柿和精盐，使其具有淡淡的咸味即成。

橘子汁番茄

【原料】

橘子 1 个，番茄 1 个，白糖少许。

【制作方法】

（1）将番茄洗净去皮去蒂，切成小块状，锅内盛少量水，下番茄煮烂后取出淋干。

（2）橘子剥皮去籽后用榨汁器榨出汁，拌入番茄内，加少量白糖即可。

水蜜桃泥

【原料】

水蜜桃 1 个。

【制作方法】

（1）将水蜜桃洗干净，剖开去核。

（2）用勺刮出果泥即可。

营养功效

桃是一种营养价值很高的水果，含有蛋白质、脂肪、糖、钙、磷、铁、维生素 B 和维生素 C 等成分。桃中含铁量较高，在水果中几乎占居首位，故吃桃能防治贫血，桃富含果胶，经常食用可预防便秘，中医认为，桃味甘酸，性微温，具有补气养血、养阴生津、止咳杀虫等功效。

鱼汤蒸蛋

【原料】

新鲜活鲫鱼 1 条，鸡蛋 1 个，盐、酒、油、姜、葱适量。

【制作方法】

（1）将鱼去鳞、鳃、内脏后洗净，下油锅煎至两面黄后加入酒、适量清水、姜、葱、盐，以大火把汤煮成奶白色。

（2）鸡蛋搅匀后加入适量鱼汤，上蒸锅蒸熟即成。

鱼松

【原料】

鲜鱼1条（750克左右），花生油40克，酱油15克，精盐3克，白糖4克，料酒3克。

【制作方法】

（1）将鱼去鳞，去内脏，洗净，放在锅内蒸熟，去骨、去皮待用。

（2）将锅放在小火上，加入花生油，把鱼肉放入锅内边烘边炒，至鱼肉香酥时，加精盐、料酒、酱油、白糖，再翻炒几下，即成鱼松。

茄泥豆腐

【原料】

嫩茄子30克，嫩豆腐50克，香油等调料适量。

【制作方法】

（1）将茄子洗净后切成块，上锅蒸熟后取出捣成泥状。

（2）嫩豆腐上锅蒸熟，放凉后与茄泥拌在一起，加上香油等调料即成。

鲜虾肉泥

【原料】

鲜虾肉（河虾、海虾均可）50克，香油1克，精盐适量。

【制作方法】

（1）将鲜虾肉洗净，放入碗内，加水少许，上笼蒸熟。

（2）加入适量精盐、香油，搅匀即成。

虾仁菜花

【原料】

菜花2小瓣，虾仁3个，酱油和白糖少许。

【制作方法】

（1）用水洗净菜花，放入开水煮软切碎备用。

（2）将洗净的虾仁去皮去虾线切碎，加入酱油和白糖少许，然后加适量水上火煮出虾汁倒在菜花上。

番茄肝扒

【原料】

猪肝100克，紫心番薯250克，番茄2个，面粉50克，生抽、盐、糖各少许，淀粉、水各适量。

【制作方法】

（1）猪肝洗净，放在生抽、盐、糖制成的腌料中腌10分钟，去水后切成碎粒。

（2）番薯连皮洗干净，放在水中煮软，捞起剥皮，压成泥状，加入猪肝粒、面粉，搅拌成糊状，用手捏成厚块，放进油锅中煎至两面呈金黄色。

（3）番茄洗净，用开水烫一下，剥去外皮，切块，放进锅中略炒，用水淀粉勾芡，淋在肝扒上即成。

（4）制作时，猪肝制成的厚块不能煎至皮太硬脆，这样不易消化。

小白菜冬瓜汤

【原料】

小白菜1把，冬瓜50克。

【制作方法】

（1）把洗净的小白菜去根，切成小段。

（2）冬瓜去皮洗净，切成小段。

（3）将水放入锅中，再将小白菜和冬瓜放入锅中，小火炖煮10分钟左右，即可取汤饮用。

营养功效

小白菜的营养价值很高，含蛋白质、脂肪、膳食纤维、水分、钾、钠、钙、镁、铁、锰、锌、铜、磷、硒、胡萝卜素、尼克酸、维生素B_1、维生素B_2、维生素C、微量元素钼。冬瓜含有多种维生素和人体必需的微量元素，可调节人体的代谢平衡，冬瓜性寒，能养胃生津，清降胃火，使人食量减少，促使体内淀粉、糖转化为热量，而不变成脂肪。

粉蒸鸡块

【原料】

芦母鸡、江米、鲜豌豆各适量，酱油、料酒、精盐、豆瓣酱、香油、葱末、姜末、花椒、水各适量。

【制作方法】

（1）将芦母鸡洗净，剁去头、爪，然后将鸡剁成2.5厘米见方的块待用；江米、花椒同炒至酥黄出香味，磨成粗粉待用。

（2）将鸡块放入盆内，加入葱姜末、酱油、料酒、豆瓣酱、水、香油，拌匀腌10分钟，加入米粉、豌豆粒拌匀，装入碗内，上笼用旺火蒸40分钟左右，视肉烂即成。

清蒸排骨

【原料】

猪排骨15千克，熟火腿50克，水发玉兰片（茭白、冬笋均可）60克，精盐、料酒、味精、葱丝、姜丝各适量，高汤（或水）2千克。

【制作方法】

（1）将排骨剁成4厘米长的段，用开水烫一下洗净，火腿、玉兰片均切成小片待用。

（2）将排骨分别放入10个小碗内，再分别放上火腿片、玉兰片、葱丝、姜丝、味精、料酒、精盐、高汤，上笼用旺火蒸1小时即成。

番茄鱼条

【原料】

鱼肉（鲤鱼、草鱼、鲢鱼均可）750克，胡萝卜100克，葱头200克，鸡蛋清200克，番茄酱200克，白糖、精盐、料酒、辣酱油、香油、水淀粉各适量，植物油2千克（实耗250克）。

【制作方法】

（1）将鱼肉洗净，切成4.5厘米长、1厘米宽的条，放入盆内，加入料酒、精盐、鸡蛋清、水淀粉，用手抓匀浆好；葱头去皮，与胡萝卜均切成丝待用。

（2）将植物油倒入锅内，烧至五成热，把浆好的鱼条分多次分散着下入油锅内，炸透捞出。再把油烧至七成热，下入全部鱼肉条，炸至外表略脆，捞出沥油。

（3）将植物油 150 克放入锅内，待油烧热，下入胡萝卜丝、葱头丝煸炒出香味，加入番茄酱，用微火反复煸炒至植物油变成红色，再加入精盐、白糖、辣酱油炒匀，放入炸好的鱼肉条，淋入香油。

红烧鱼块

【原料】

胖头鱼（鲤鱼、草鱼均可）1 千克，酱油、精盐、醋、白糖、味精、料酒、大料、葱、姜、蒜各适量，水 500 克，植物油 2 千克（实耗 150 克）。

【制作方法】

（1）将胖头鱼去鳞、鳃，开膛去内脏，剁去鳍，用清水洗净，剁成 4 厘米见方的块，葱切段，姜切块，蒜切片。

（2）将胖头鱼放入盆内，用少许酱油拌匀腌一下，投入八成热的油内，炸至外皮稍硬、呈金红色捞出。

（3）将油放入锅内，下入大料炸出香味，放入葱段、姜块、蒜片煸炒一下，加入醋、白糖、酱油、料酒、精盐、水，开后投入鱼块，微火炖 15 分钟，加入味精出锅即成。

软熘肉片

【原料】

瘦猪肉 100 克，净白菜、净胡萝卜、净菠菜各适量，猪油、酱油、料酒、精盐、味精各适量，葱、姜末少许，水淀粉，高汤 1 千克，植物油 2 千克（实耗 50 克）。

【制作方法】

（1）将白菜心去叶留帮，坡刀片成小片；菠菜切小段；胡萝卜切成象眼片，用开水烫一下，捞出控净水分。

（2）将瘦肉切成小肉片，放入盆内，加入水淀粉、精盐上浆，用热锅温油滑散捞出沥油。

（3）将猪油放入锅内，下入葱姜末炝锅，投入白菜、胡萝卜、菠菜煸炒几下，加入酱油、精盐、料酒、高汤，开后放入肉片，勾芡，调入味精即成。

肉末腐丝

【原料】

豆腐丝、瘦猪肉各适量，植物油、酱油、精盐、白糖、料酒、水淀粉各适量。

【制作方法】

（1）将瘦猪肉剁成碎末，蒜薹择洗干净，切成 2 厘米长的段，用开水烫一下，豆腐丝切成小段待用。

（2）将油放入锅内，热后下入肉末炒散，加入酱油、白糖、精盐搅炒均匀，投入豆腐丝煸炒几下，再投入蒜薹翻炒均匀，加少许水，开后勾芡，淋入料酒，出锅即成。

菠萝奶羹

【原料】

菠萝肉 60 克，牛奶半杯，鸡蛋 1 个，藕粉 15 克，糖适量。

【制作方法】

（1）菠萝切碎，如果是鲜品需经盐渍，去除涩味和引发过敏的成分。

（2）少量清水烧开后，调藕粉糊，打入鸡蛋浆，加糖，加奶，最后下入菠萝小块，再次煮沸。

营养功效

添加菠萝，不仅提高了这道奶糊的胡萝卜素，维生素 B_1、维生素 B_2 及粗纤维的含量，而且菠萝的芳香还能激发宝宝的食欲，促进消化（含有蛋白质分解酵素），为宝宝带来好胃口。

三色鸡片

【原料】

鸡脯肉100克，鸡蛋1个，水发冬菇75克，油菜50克，土豆150克，花生油50克，香油、精盐、味精、料酒、水淀粉、葱末、蒜末、清汤（或水）各适量。

【制作方法】

（1）将鸡肉片成小薄片，用精盐、蛋清、水淀粉拌匀上浆，在热油锅内滑熟，捞出沥油。

（2）将土豆去皮，切成小菱形片，用七成热的油炸呈金黄色，捞出放入盘内。

（3）将冬菇片成小薄片，油菜片成小片，分别用开水焯一下，捞出沥水。

（4）将炒锅置火上，放油烧热，下入葱末、蒜末炝锅，烹入料酒，下入鸡片、冬菇和油菜略炒，加入清汤和盐烧开再加入味精，勾芡，淋入香油，盛在土豆片上即成。

茄汁鸡蛋

【原料】

鸡蛋10个，茄汁150克，植物油200克，白糖、精盐、葱末各适量。

【制作方法】

（1）将鸡蛋磕入盆内打散；茄汁放碗内，用清水150克解开。

（2）将油90克放入锅内，热后，把鸡蛋液放入炒熟，呈小片状，出锅待用。

（3）将锅刷净，放入植物油80克，热后下入葱末炝锅，再倒入调匀的茄汁炒透，然后放入白糖、精盐炒匀，最后放入炒好的鸡蛋拌匀，淋入明油（熟油）30克即成。

葱白粥

【原料】

糯米30克，生姜2片，连须葱1节，醋1毫升。

【制作方法】

（1）生姜捣烂备用。

（2）先把糯米放入水中煮粥，粥熟时加入捣烂的生姜、连须葱、醋等，搅匀即可。

紫苏粥

【原料】

大米 25 克，紫苏叶 5 克。

【制作方法】

（1）大米常法煮粥。

（2）粥熟放紫苏叶，搅匀即可。

姜蜜饮

【原料】

老生姜 15～30 克，蜂蜜 10～15 克。

【制作方法】

（1）将老姜洗净、切碎，加水 500 毫升，水煎 30 分钟。

（2）去渣取汁，浓缩至 150～300 毫升，加入蜂蜜，煮沸即可。

菜根姜片饮

【原料】

白菜茎根 1 根，萝卜根 1 根，生姜 3 片，红糖 50 克。

【制作方法】

（1）白菜茎根、萝卜根均切粗片。

（2）生姜、红糖 4 味加水适量，煮开 3～5 分钟即可。

荆芥防风粥

【原料】

荆芥 10 克，防风 12 克，薄荷 5 克，淡豆豉 8 克，粳米 80 克，白糖 20 克。

【制作方法】

（1）水煮前 4 味，去渣取汁。

（2）再用水煮米成粥，加入药汁及白糖即成，待温服食。

肉末菜卷

【原料】

猪肉末15克，卷心菜10克，葱头5克，植物油4克，酱油、精盐、水淀粉、葱末、姜末各少许，水适量。

【制作方法】

（1）将卷心菜用开水烫一下，切碎，葱头切成碎末，待用。

（2）将油放入锅内，热后下入肉末煸炒断生，加入姜葱末、酱油搅炒两下。

（3）加入切碎的葱头、水，煮软后加入卷心菜稍煮片刻，加入精盐，用水淀粉勾芡即成。

营养功效

卷心菜含有多种人体必需的氨基酸，还含有维生素C、维生素U、胡萝卜素、维生素B_1、维生素B_2、尼克酸和蛋白质、脂肪、钾、钙等，有健胃补肾作用，常食可强身壮体，猪肉有滋阴润燥作用，此菜含有婴儿生长发育必不可缺的营养素。

银锭包金

【原料】

香蕉，鸡蛋，盐，油。

【制作方法】

（1）鸡蛋打散，放盐少许，香蕉切块。

（2）锅内放油烧至温热，香蕉块裹上鸡蛋浆放入油锅略炸，捞出，装盘。

梅花粥

【原料】

白梅花 5 ~7 朵，粳米 100 克，白糖适量。

【制作方法】

（1）取白梅花 5 ~7 朵，掰下花瓣，用清水洗净待用。

（2）将 100 克粳米洗净放入锅中，加入白梅花、适量白糖，略煮即成。

赤小豆汤

【原料】

赤小豆 100 克，红糖适量。

【制作方法】

（1）将赤小豆洗净，加适量水煎汤，汤成后加红糖，根据宝宝情况确定喂食量。

（2）给婴幼儿食用，要用铜丝罗过滤，去掉赤豆渣方可。

西红柿鱼粥

【原料】

鱼肉 5 克，西红柿 10 克，粥 30 克。

【制作方法】

（1）将鱼肉放入微波炉中加热 8 秒，捣碎。

（2）用刀将西红柿的皮剥去，并将西红柿捻碎，和鱼肉一起放入粥中。

美味牛肉汤

【原料】

牛肉少许，西红柿 1 个，胡萝卜 2 根，土豆 1 个，卷心菜半棵。

【制作方法】

（1）将牛肉切片，西红柿、胡萝卜、土豆切丁，卷心菜切丝。

（2）把材料下油锅翻炒片刻后盛出，倒入沸水中煮开。

（3）然后用小火慢炖，放入盐少许。

（4）大约40分钟后可关火，不要开盖，待汤变温时食用即可。

营养功效

牛肉富含肌氨酸，含量比任何其他食品都高，这使它对增长肌肉、增强力量特别有效，牛肉也富含铁，铁是造血必需的矿物质，牛肉内含的维生素 B_6、维生素 B_1、维生素 B_2、肉毒碱、丙氨酸、锌、镁、钾和蛋白质也非常丰富，寒冬食牛肉可暖胃，是该季节的补益佳品。

苋菜汁

【原料】

苋菜100克，精盐少许。

【制作方法】

（1）将苋菜洗净，切丝。

（2）锅上火，放100克水烧沸，倒入菜丝，加入精盐煮5~6分钟，离火后，再焖10分钟，滤去菜渣留汤即成。

豆腐蛋羹

【原料】

熟蛋黄1个，豆腐100克，肉汤100克，精盐1.5克，麻油1克。

【制作方法】

（1）将熟蛋黄碾磨捣碎与豆腐同放入锅中，加入肉汤和精盐，边煮边搅拌。

（2）煮沸2分钟后盛出，淋上麻油即可。

蛋黄羹

【原料】

煮鸡蛋黄1个，肉汤40克，精盐少许。

【制作方法】

（1）将熟蛋黄放入碗内研碎，并加入肉汤研磨至均匀光滑为止。

（2）将研磨好的蛋黄放入锅内，加入精盐，边煮边搅拌均匀即成。

牛奶蛋羹

【原料】

蛋黄2个，牛奶50克，肉汤100克，精盐1克，麻油1克。

【制作方法】

（1）蛋黄打散后加入牛奶和肉汤搅拌均匀，再加入精盐混匀，放入蒸笼内蒸15分钟。

（2）取出淋上麻油即可。

橘子糊

【原料】

橘子1个，蜂蜜25克。

【制作方法】

（1）将橘子洗净，剥去皮，再把内皮剥去，然后放入容器内研碎。

（2）食用时加入蜂蜜搅拌均匀，使其具有一点柔和的酸味。橘子可用广柑、橘柑和葡萄代替，最好用无核蜜橘做原料。操作时要把橘子研碎，不能太整。

豆腐糊

【原料】

豆腐100克，肉汤50克，精盐适量。

【制作方法】

（1）豆腐放入锅中加肉汤用小火煮，加入精盐，边煮边用勺子碾磨捣碎。

（2）保持煮沸状态3分钟，并不断用勺子刮锅底，以免黏住而烧焦。

冬瓜蛋花汤

【原料】

冬瓜，鸡蛋，鸡汤1000克，植物油，精盐，味精。

【制作方法】

（1）将冬瓜去皮，切成菱形小片；鸡蛋磕入碗内，搅匀待用。

（2）将植物油放入锅内，热后下入冬瓜片煸炒几下，加入鸡汤烧开，淋入鸡蛋液，下入精盐、味精，盛入盆内即成。

玉米瘦肉汤

【原料】

甜玉米、瘦肉、酱油、生粉、盐各适量。

【制作方法】

（1）把新鲜甜玉米的玉米子刨下来。

（2）锅里放水烧开后把玉米放进去煮。

（3）瘦肉用酱油和生粉腌一下。

（4）然后与玉米同煮，肉熟后加盐至合味。

营养功效

猪肉为人类提供优质蛋白质和必需的脂肪酸，可提供血红素（有机铁）和促进铁吸收的半胱氨酸，能改善缺铁性贫血。玉米是众多主食中营养价值和保健作用最高的，除了含有碳水化合物、蛋白质、脂肪、胡萝卜素外，玉米中还含有核黄素、维生素等营养物质，玉米含有7种钙、谷胱甘肽、维生素、镁、硒、维生素E和脂肪酸，多吃玉米还能刺激大脑细胞，增强人的脑力和记忆力。

海米冬瓜汤

【原料】

冬瓜250克，海米、鸡蛋、香菜末各适量，猪油、精盐、味精、葱丝、姜丝各少许，鸡汤400克。

【制作方法】

（1）将冬瓜去皮去瓤，洗净，切成小片，海米放入碗内，用开水泡软，洗净，切碎，鸡蛋磕入碗内打散。

（2）将汤锅置火上，放入猪油烧热，把葱姜丝、海米一起放入锅内煸炒，倒入鸡汤熬5分钟，再放入冬瓜片煮熟，加入精盐、味精，淋入鸡蛋液，盛入碗内，撒上香菜末即可。冬瓜片要切得小一点，海米要泡软，切碎再用。

软煎鱼

【原料】

鲜鱼块50～100克，面粉和黄油适量，食盐少许。

【制作方法】

（1）把鲜鱼收拾干净，去皮去骨刺，控干水分，然后将鱼肉表面抹少许食盐、料酒、葱、姜、蒜末腌15分钟左右，在鱼肉两面涂上面粉。

（2）将平锅置火上烧热，抹上黄油溶化，把腌好的鱼放入平锅煎炸，煎至两面焦黄即可食用。

猪肝丸子

【原料】

猪肝15克，面包粉15克，葱头15克，鸡蛋液15克，西红柿15克，色拉油15克，番茄酱少许，淀粉9克。

【制作方法】

（1）将猪肝剁成泥，葱头切碎同放一碗内，加入面包粉、鸡蛋液、淀粉拌匀成馅。

（2）将炒锅置于火上，放油烧热，把肝泥馅挤成丸子，下入锅内煎熟；将切碎的西红柿和番茄酱下入锅内炒至呈半糊状，倒在丸子上即可喂食。

苹果色拉

【原料】

苹果20克，橘子2瓣，葡萄干5克，酸奶酪5克，白糖5克。

【制作方法】

（1）将苹果洗净，去皮后切碎。

（2）橘瓣去皮、核切碎，葡萄干用温水泡软后切碎。

虾仁豆腐

【原料】

虾仁4个，豆腐适量，香菇半个，绿豆芽、白糖、淀粉、酱油少量。

【制作方法】

（1）把豆腐放入开水中焯一下捞出研碎，将虾仁洗净去掉虾线切碎，把择洗干净的绿豆芽切碎，泡发的香菇切碎。

（2）把豆腐、虾仁、绿豆芽、香菇一起倒入锅里，放入水和少许白糖、酱油拌匀上火煮熟，快出锅时用淀粉勾芡。

番茄土豆

【原料】

番茄250克，土豆250克，胡萝卜100克，洋葱25克，食油、精盐、湿淀粉、糖、鲜汤各适量。

【制作方法】

（1）番茄去皮和籽切成小块，土豆去皮洗净切成半圆片，胡萝卜、洋葱均洗净切成小丁。

（2）锅中放油烧热，放入土豆片，炸熟捞出沥油。

（3）将锅中底油烧热，放入番茄块与糖、精盐，加鲜汤少许，炒成甜酸适口的番茄料。

（4）再放入胡萝卜、洋葱丁、土豆片，翻炒几下，用湿淀粉勾芡，即可出锅装盘。

营养功效

番茄含有丰富的胡萝卜素、维生素B和维生素C，尤其是维生素P的含量居蔬菜之冠。土豆营养丰富，内含丰富的赖氨酸和色氨酸，这是一般粮食所不可比的，还富含钾、锌、铁等。此食品能使宝宝开胃利口。

海鲜鸡茸炖萝卜

【原料】

白萝卜100克，海米汤适量，鸡肉末50克，白糖少许。

【制作方法】

（1）把洗净的白萝卜切成薄片，放入开水里烫一下，捞出控去水分。

（2）将海米汤倒入锅里上火煮开，放少许白糖和食盐，再把鸡肉末、白萝卜片放入锅里，边煮边用筷子搅拌至煮熟，出锅即可食用。

肉汤焖鱼

【原料】

小鱼半条，葱头、西红柿各1大块，扁豆2~3根，肉汤、植物油、盐、面粉少许。

【制作方法】

（1）把小鱼切成小块，涂上薄薄的一层面粉，在平底锅内放植物油，烧热后把鱼放入煎好备用。

（2）把切碎的蔬菜放入锅内炒，并加入肉汤，再把煎好的鱼放入锅内一起煮，熟时加入少许盐，使其具有淡淡的咸味（吃时注意去骨刺）。

香薷粥

【原料】

香薷5~10克，大米50~100克，白糖适量。

【制作方法】

（1）将香薷择洗干净，放入锅中，加清水适量，水煎取汁。

（2）加大米煮粥，待熟时调入白糖，再煮一二沸即可。

豆豉瘦肉汤

【原料】

淡豆豉 15 ~ 30 克，瘦猪肉 50 ~ 100 克，调味品适量。

【制作方法】

（1）将淡豆豉择净备用，瘦猪肉洗净，切块，放入锅中，清水适量煮至沸。

（2）加淡豆豉及调味品等，煮至猪肉熟即可。

扁豆香荷饮

【原料】

白扁豆 10 ~ 12 克，香薷 5 ~ 9 克，荷叶 10 ~ 15 克，陈皮 3 ~ 6 克，白糖适量。

【制作方法】

（1）将白扁豆炒黄捣碎，与香薷、陈皮、荷叶一同水煎。

（2）煮沸 10 分钟后，去渣取汁，加白糖调味即可。

葱白姜草汤

【原料】

连根葱白 15 ~ 20 克，生姜 5 ~ 10 克，甘草 5 ~ 9 克，淡豆豉 10 ~ 15 克，萝卜 50 ~ 100 克，调味品适量。

【制作方法】

（1）将葱、姜、甘草洗净，切碎。

（2）萝卜去皮，切片，放入锅中加精盐、油、淡豆豉煸炒后，加入适量水煮汤，至熟后调味即可。

桑杏萝卜蜜

【原料】

桑叶、菊花、甘草各 3 ~ 5 克，金银花 5 ~ 10 克，苦杏仁 5 ~ 9 克，白萝卜 80 ~ 100克，蜂蜜 15 ~ 30 毫升。

【制作方法】

（1）将萝卜去皮、洗净、切片备用。将上述诸药择洗干净，共放大碗中，冲入沸水，浸泡10分钟。

（2）去渣取汁，同萝卜块、蜂蜜一起拌匀，隔水蒸熟即可。

茭白炒鸡蛋

【原料】

鸡蛋、茭白、熟猪油、精盐、味精、葱末、高汤各适量。

【制作方法】

（1）将茭白洗净、去皮，切成3厘米长、0.2厘米粗细的丝；鸡蛋磕入碗内，加入精盐，调匀。

（2）将熟猪油50克放入锅内，待油烧至六成热，放入茭白丝翻炒几下，加入精盐、高汤，炒干汤汁，待熟后盛入盆中。

（3）将熟猪油放入锅内，待油烧至五成热，把鸡蛋倒入锅内，同时将炒过的茭白放入一同炒拌，待熟后淋上熟猪油，继续炒几下，使茭白丝和蛋松碎即成。

肉片烧西葫芦

【原料】

西葫芦、肥瘦小肉片各适量，酱油、白糖、醋、精盐、葱末、姜末、味精、料酒、水淀粉、清水各适量，植物油2.5千克（实耗150克）。

【制作方法】

（1）将西葫芦洗净、去瓤，切成小块，用八成热的油炸熟（呈金黄色），捞出沥净油。

（2）将少许油放入锅内，放入小肉片煸炒断生，加入葱末、姜末、酱油、白糖、醋、精盐、味精、水，开锅后勾芡，投入西葫芦翻炒均匀，淋入料酒，出锅即成。

拌双丝

【原料】

花心萝卜（也称心里美）、白梨适量。白糖、白醋各少许。

【制作方法】

（1）将花心萝卜洗净、去皮切成细丝。

（2）白梨削皮，切细丝。

（3）将双丝放入盘中，用白糖、白醋拌食。

酱味猪肝泥

【原料】

生猪肝1个，大料、花椒、葱、姜、淀粉、食用油、香油、豆瓣酱或其他黄酱、甜面酱各适量。

【制作方法】

（1）锅内入少量水，将生姜、葱、大料、花椒等倒入锅中煮片刻，滤出水倒入碗中待用。

（2）猪肝洗净，剁成泥盛入大碗中，并将淀粉倒进去。

（3）将晾凉的调料水，慢慢地倒入肝中，边倒边搅，使肝泥成为糊状。

（4）锅中放入食油，略多加些油，油烧至冒烟时，速将猪肝泥倒入油锅中，猛翻炒，待猪肝泥全部变色时倒入豆瓣酱（或其他干酱），酱的多少以个人口味和肝泥多少来定。酱干要事先用开水稀释好再用。翻炒几下，就可出锅食用。

肉丝拌芹菜

【原料】

芹菜、瘦肉各适量，香油、味精、精盐各适量。

【制作方法】

（1）将芹菜去掉叶、根洗净，切成丝，用开水烫一下，捞出控净水分，晾凉；瘦肉切成细丝，用开水氽一下捞出，控净水分。

（2）将芹菜、肉丝同放入盆内，加入香油、味精、精盐，拌匀即成。

雪梨红糖水

【原料】

雪梨1个（约重150克），红糖50克。

【制作方法】

（1）挑选质量好的梨，洗净，连皮切碎，去核、籽，投入锅内。

（2）加适量水，用文火煎沸30分钟，捞出梨块不用。

（3）加入红糖稍煮，至糖全部融化时，即可饮用。

营养功效

雪梨性味甘寒滋润，红糖微温和胃。此糖水具有清甜可口、生津养胃、和中止呃的功效，对于因胃阴不足、脾虚失和而见呃逆患者，可见显效。还可对口燥食少、大便不调者起到治疗作用。可每晚饮用，数日见效。

拌素什锦

【原料】

黄瓜、青椒、红椒、水发木耳、水发腐竹、卷心菜各适量，香油、精盐各适量。

【制作方法】

（1）将黄瓜、青椒、红椒、水发木耳、卷心菜均切成小细条待用；水发腐竹切小斜段。将青椒、红椒、水发木耳、卷心菜、腐竹均用开水烫一下，捞出，用凉开水过凉，控净水分待用。

（2）将黄瓜及全部烫过的菜放入小盆内，加入精盐、香油，拌匀即成。

鸡蛋松

【原料】

鸡蛋500克，白糖150克，花生油1千克（实耗120克）。

【制作方法】

（1）将鸡蛋磕入碗内，加入白糖，用筷子搅散。

（2）将油倒入锅内，烧至五成热，舀一勺蛋液顺漏勺（距锅 50 厘米高度）漏入锅内，见鸡蛋液凝固成丝状即捞出；按上述方法将全部蛋液做完。

（3）用手勺挤一下油，拆散，即成蛋松。

炒木耳肉片

【原料】

猪肉、水发木耳、笋片（也可不用或改用油菜片、白菜片等）适量，食用油、酱油、葱花、姜末、淀粉、精盐少许。

【制作方法】

（1）将肉洗净切成薄片（要横着肉丝纹切），木耳洗净，笋片或白菜片要斜刀切成菱形薄片。

（2）将猪肉片放入碗中，撒上干淀粉，用手抓匀。

（3）锅内倒入食用油，烧开，油大热时，将肉片倒入锅内，用锅铲翻拨，不使肉片打团。然后放葱花、姜末，快翻快炒。

（4）再倒入笋片炒几下加酱油、盐，之后放入木耳炒熟。

樱桃肉

【原料】

猪肉适量，熟花生米、西红柿酱、白糖、精盐、食用油各少许。

【制作方法】

（1）选较瘦的猪肉，洗净，沥去水分，切成 4 ~ 5 厘米的方丁。

（2）白糖与西红柿酱用水调成糊。

（3）锅内放油，略多放些，油七分热时将肉丁放入翻炒 1 ~ 2 分钟，肉丁变色熟透后将花生米放入同炒，炒肉丁时用大火，放入花生米时改用小火炒。

（4）肉丁与花生米炒匀时将调好的西红柿酱倒入同炒，翻几下停火出锅。

生地黄芩蜜

【原料】

生地黄 8 ~ 10 克，玄参 6 ~ 10 克，麦冬 9 ~ 12 克，黄芩 3 ~ 6 克；黄连 1 ~ 3 克，生甘草 2 ~ 4 克，蜂蜜 15 ~ 20 克。

【制作方法】

（1）将生地黄、玄参、麦冬、黄芩、黄连、生甘草洗净，放入锅中。

（2）加适量清水，煎煮约30分钟，去渣取汁，待药汁转温后，调入蜂蜜即可，待温服食。

苦瓜麦冬泥

【原料】

苦瓜200～250克，鲜麦冬25～30克，白糖20～30克。

【制作方法】

（1）将苦瓜、鲜麦冬分别洗净，捣烂如泥。

（2）加入白糖后拌匀，2小时后将水汁沥干即可。

海带绿豆甜汤

【原料】

海带60克，绿豆150克，红糖少许，清水约1500克。

【制作方法】

（1）将海带、绿豆洗净。

（2）放入锅内，加入清水，煮约1小时，取出海带叶，加入红糖即成。

营养功效

小儿尤其是婴儿，夏季易生痱子，稍有不慎痱子被感染，即可生疮。绿豆和海带，均可清热解毒，此汤可防止出痱子。

生地藕汁蜜

【原料】

生地黄汁25～30毫升，莲藕汁80～100毫升，蜂蜜25～30克。

【制作方法】

（1）将生地黄汁、莲藕汁放入锅中，微火煎熬至如饴糖状稀糊。

（2）稍温后调入蜂蜜，装入瓷瓶中即可。

黑芝麻芫荽鸡蛋羹

【原料】

黑芝麻粉 12 ~ 15 克，芫荽 6 ~ 10 克，鸡蛋 1 个，柠檬汁 2 ~3 毫升，蜂蜜 8 ~10 毫升。

【制作方法】

（1）将芫荽洗净，切成小段，捣烂，用洁净纱布包起来，绞取汁液，放入碗中。

（2）将鸡蛋磕入碗中，用竹筷搅打成鸡蛋糜糊。将黑芝麻粉放入碗中，加适量清水，充分调和拌匀，浸泡。

（3）用中火煮沸，边煮沸边搅拌，约 5 分钟后，用洁净纱布过滤，所取黑芝麻汁放入容器，用小火煨煮，调入鸡蛋糜糊，并充分混匀，煮沸即离火，加入芫荽汁、柠檬汁、蜂蜜，拌匀即可。

石榴牛奶冰霜

【原料】

石榴 1800 ~2000 克，红糖 15 ~20 克，鲜牛奶 75 ~100 毫升。

【制作方法】

（1）将石榴用温水将表皮反复洗净，剖开后，切碎，放入碗中，加入红糖、鲜牛奶，拌和搅匀，一同放入榨汁机。

（2）快速搅榨约 5 分钟，过滤取汁，放入冰箱冷冻，待稍结硬时用筷子搅匀，再冷冻至稍硬时，再以筷子搅匀。

（3）同样操作约 3 次，即成石榴牛奶冰霜。

菊花竹叶饮

【原料】

菊花（野菊花也可）3 ~5 克，淡竹叶 3 ~5 克，蜂蜜少许。

【制作方法】

（1）将菊花、淡竹叶择净，放入锅中，加清水适量，水煎取汁。

（2）加入蜂蜜，再煮一二沸即成。

冬瓜汁

【原料】

冬瓜100克，精盐少许，水100克。

【制作方法】

（1）将冬瓜洗净，去皮、去瓤，切成小块。

（2）将水烧沸，放入冬瓜，加入少许精盐，煮5~6分钟，焖10分钟后，去渣取汤，即可。

营养功效

富含维生素C、蛋白质、糖类及钙、磷、铁等营养素，适宜婴儿夏季食用。具有明显的消暑清热、止渴利尿、健脾胃的作用，尤适用于患有消化不良、中暑发热等症的婴儿。

香蕉蜂蜜奶汁

【原料】

牛奶200克，香蕉半根，橙子半个，蜂蜜10克。

【制作方法】

（1）牛奶加热备用。

（2）将香蕉、橙子去皮，与蜂蜜一起放入搅拌器里搅拌，待搅拌至黏糊状时，立即将热奶冲入，再搅拌几秒钟。将奶汁倒入奶瓶内，温度合适后即可喂食。

芹菜汁

【原料】

芹菜100克，白糖、精盐各少许，水100克。

【制作方法】

（1）将芹菜择洗干净，切丝备用。

（2）将水烧沸，倒入芹菜，加入白糖、精盐，煮5～6分钟，离火后再焖10分钟，倒出汤汁即可。

海蜇荸荠汤

【原料】

海蜇80克，鲜荸荠40克。

【制作方法】

（1）将海蜇用温水泡发，冲洗干净，切碎。把鲜荸荠洗净，去皮。

（2）将切碎的海蜇和荸荠一同放入砂锅内，加水煮沸后，改小火煮30分钟，至荸荠熟烂，即可。

蜂蜜萝卜汤

【原料】

白萝卜50克，蜂蜜10克。

【制作方法】

（1）白萝卜洗净后，切成细丝。

（2）锅内加清水烧开，放入萝卜丝，待煮沸后捞出萝卜丝，晾晒12小时。

（3）把晾干的萝卜丝放入锅内，加水用小火煮，边煮边搅拌。

（4）煮好后，晾凉，加蜂蜜调匀，即可。

炸酱面

【原料】

面条，猪肉末，黄瓜，植物油、黄酱、酱油、葱花、姜末各适量。

【制作方法】

（1）将油放入锅内，热后，下入肉末煸炒变色，加入葱花、姜末、酱油、黄酱炒透，盛入碗内待用；黄瓜洗净，切成细丝。

（2）将面条下入开水锅内煮熟，捞入凉开水盆内，然后再分别捞入碗内，浇入炸酱、黄瓜丝，拌匀即成。

馅饼

【原料】

面粉，菜馅，肉馅。香油，酱油，黄酱，精盐，味精，葱花，姜末。

【制作方法】

（1）将肉馅放入盆内，加入葱花、姜末、酱油、黄酱、精盐、味精、水少许，搅拌均匀，最后加入香油和剁碎挤净水分的菜馅，拌匀成馅。

（2）将面粉放入盆内，加入水，和成软面团，稍饧。

（3）将面团揪成剂子，擀成中间稍厚、边缘较薄的面皮，包馅收口，按成圆饼。

（4）饼铛烧热，码放生坯，烙至两面呈浅黄色，刷油，洒点水，再加盖烙一下即成。

小米面蜂糕

【原料】

小米面，豆粉，白糖，红枣，苏打。

【制作方法】

（1）将红枣洗净，用冷水泡涨待用。

（2）将小米面、黄豆粉、白糖放入盆内，加入苏打水、温水（500 克面用水300～350 克）和好待用。

（3）将屉布铺好，把面倒在屉布上，抹平，码入红枣，用旺火蒸熟，出屉后，晾凉，切成菱形块即成。

玉米面丝糕

【原料】

玉米面，面粉，面肥，豆粉，白糖、果料、京糕、碱面各适量。

【制作方法】

（1）将面粉放入盆内，加入面肥、水调成软糊，发大酵，加入碱液搅匀后再加玉米粉、豆粉、白糖和适量的水，调成稀糊状后，将切好的京糕丁及果料丁加入搅拌均匀。

（2）屉内放铺湿屉布的木框，将软糊倒入框内，抹平，上火，先用小气蒸5分钟，再用大气蒸40分钟，下屉晾温，切成菱形块即可食用。

西瓜汁

【原料】

西瓜瓤100克，白糖10克。

【制作方法】

（1）将西瓜瓤放入碗内，用匙捣烂，再用消毒过的纱布过滤，取其汁。

（2）加入适量的白糖即成。

营养功效

色泽红艳，清甜适口，清热解暑。富含维生素C，另外，果糖、葡萄糖、蔗糖、维生素 B_1 的含量也较高，并含有多种氨基酸、苹果酸和无机盐等，尤适宜婴儿夏季食用。

果丁小甜窝头

【原料】

玉米面500克，豆粉250克，白糖200克，青梅，瓜条，京糕，苏打。

【制作方法】

（1）将青梅、瓜条、京糕切成小丁待用。

（2）将玉米面、豆粉放入盆内，加入白糖、苏打水、温水和成立起能成形的面团，再把各种料丁加在一起拌和均匀，手蘸凉水，攒成25克1个的小窝头生坯。

（3）待蒸锅上气时，将小窝头上屉用旺火蒸20分钟即成。

八宝饭

【原料】

江米750克，莲子、蜜枣、瓜条、青梅、京糕、苹果脯、葡萄干等各150

克，豆沙馅500克，白糖250克，桂花酱、水淀粉各少许。

【制作方法】

（1）把江米淘洗干净，放入盆内，加水（没过江米两指即可），上屉蒸熟，待用。

（2）将各种果料分别去核，整理加工，分别放入5个碗内，在碗底摆成各种花色、图案，放进一部分江米饭，抹一层豆沙馅，上面再放上其余的江米饭，抹平，上屉蒸透，取出倒扣在另一碗内。

（3）锅内加凉水，放入白糖，开后勾芡成糖汁，浇在江米饭上，即成八宝饭。

小肉丸

【原料】

稍带肥肉的猪肉30克，蛋清、淀粉、姜末、葱花、盐、酒各适量。

【制作方法】

（1）猪肉洗净剁成肉糜后加入姜末、葱花、酒、蛋清、淀粉、盐调和均匀。

（2）捏成桂圆大小的肉丸，上蒸锅蒸30分钟取出即可。

猪血豆腐汤

【原料】

猪血50克，豆腐100克，鲜汤、盐、味精、淀粉各适量。

【制作方法】

（1）猪血洗净切成小块。豆腐切成小块，下锅加入鲜汤煮开10分钟。

（2）加入猪血再煮5分钟，加盐、味精，用淀粉勾芡即成。

胡萝卜肉末汤

【原料】

胡萝卜20克，瘦肉糜15克，姜丝、盐、葱花各少许。

【制作方法】

（1）起油锅加入姜丝、葱花，将肉糜煸熟。

（2）胡萝卜切成小末状，锅内盛适量水将胡萝卜末煮烂，下肉糜煮熟，加适量盐即成。

珍珠汤

【原料】

面粉40克，鸡蛋1个，虾仁10克，菠菜20克，高汤200克，香油2克，精盐2克，味精少许。

【制作方法】

（1）将鸡蛋磕破，取鸡蛋清与面粉和成稍硬的面团，揉匀，擀成薄皮，切成比黄豆粒小的丁，搓成小球。

（2）虾仁洗净，用水泡软，切成小丁；菠菜择洗干净，用开水烫一下，切成末。

（3）将高汤放入锅内，下入虾仁丁，加入精盐，烧开后下面珍珠疙瘩，煮熟，淋入鸡蛋黄，加菠菜末，淋入香油，放味精，盛在小碗内，即可喂食。

（4）注意面疙瘩一定要小，越小越好，有利消化吸收。

梨汁

【原料】

梨100克，白糖5克。

【制作方法】

（1）将梨洗净、削皮、去核，取其果肉榨汁。

（2）用消毒过的纱布过滤，加糖搅匀即可。

营养功效

促进胃酸分泌，增进食欲，帮助消化。富含维生素B_1、维生素B_2、维生素C、胡萝卜素、钙、磷等营养素，还含有果糖、葡萄糖、蔗糖等。腹泻患儿忌食。

虾皮紫菜肉末汤

【原料】

虾皮10克，紫菜5克，瘦猪肉30克，鲜汤、淀粉、盐、油、姜末、料酒各少许。

【制作方法】

（1）虾皮洗净切碎，紫菜泡开撕成小片。将瘦猪肉洗净剁成肉茸，起油锅下姜末、肉茸煸爆几下后加入料酒、盐。

（2）肉茸炒熟后加入适量鲜汤、虾皮煮开，再加入紫菜片煮开，最后加入少许淀粉勾芡即成。

虾肉鸡蛋挂面

【原料】

挂面50克，猪肝10克，虾肉10克，鸡蛋1个，菠菜10克，鸡汤、酱油各少许。

【制作方法】

（1）将肝、虾肉、菠菜分别切成碎末。

（2）将挂面煮软后切成短段，放入锅内，加入鸡汤、酱油一起煮，再将肝、虾肉、菠菜放入锅内。

（3）把鸡蛋磕开调好用1/4蛋液甩入锅内，煮熟即成。

番茄面

【原料】

番茄半个，面条30克，盐、油、葱各少许。

【制作方法】

（1）将番茄洗净去皮，切成细碎块，用水煮烂成糊状。

（2）把煮烂的面条切碎后放入番茄糊中调匀，加入少许油、盐、葱，用文火煮3～5分钟即可。

鸭血面

【原料】

鸭血50克，面条50克，鲜汤、葱花、色拉油、味精、盐各适量。

【制作方法】

（1）面条加入适量的鲜汤煮烂。

（2）加入切成小块的鸭血、葱花、色拉油、盐、味精，煮开3～5分钟即可。

炒虾皮豆腐

【原料】

虾皮10克，豆腐50克，蒜苗5克，植物油10克，葱姜末、花椒粉、盐各适量。

【制作方法】

（1）将虾皮剁成末，豆腐抹成泥，蒜苗切成段。

（2）把豆腐加入虾皮、花椒粉、盐混匀。

（3）热锅放入油，用葱、姜末炝锅，放入虾皮豆腐泥，炒片刻，放入蒜苗，炒匀即可。

海米炒油菜

【原料】

油菜500克，虾米50克，香菇片、玉兰片、火腿片各25克，姜末少许，食盐适量，荤油50克，鲜汤适量。

【制作方法】

（1）将油菜去老梗黄叶，逐叶劈开，用手从根部将筋抽出，放水里洗净后，大梗一破两半，小梗不动，切成约3厘米长的段，菜心用刀一破四棱，然后在开水锅内焯一下捞出，挤干水分，放在盘内。

（2）将炒锅放火上，放入荤油，油热时，将油菜、虾米、香菇片、玉兰片、火腿片下锅，加上作料和鲜汤，将锅翻动，炒匀即可。

萝卜汁

【原料】

萝卜100克，精盐少许。

【制作方法】

（1）将萝卜洗净，去皮，切丝备用。将100克水烧沸。

（2）倒入萝卜丝，加入精盐少许，煮5~6分钟，再焖10分钟，去渣取汤，即成。

营养功效

富含维生素C、胡萝卜素，还含有较丰富的蛋白质、钙、磷、铁等营养素。能给婴儿提供充足的维生素C，并具有开胃消食的作用。在秋冬季服用，能有效预防各种消化道及呼吸道的感染性疾病。

第二章

其他类疾病调理食谱

宝宝体质弱，经常会生病，比如厌食、便秘、消化不良、感冒、发烧、遗尿、肺炎、易哭闹、躁动不安、咳嗽、贫血等。宝宝生病时，饮食必须依照本身的病情、体质，结合食物性味及对机体不同脏腑的选择性来决定。正确的饮食不仅可以调理病情，还可起到促进药效、辅助治病的功效。

绿豆粳米粥

【原料】

绿豆 30～50 克，粳米 50～70 克，白糖适量。

【制作方法】

（1）将绿豆洗净，用水浸泡 8 小时，武火炖沸后改用文火煮至绿豆破裂。

（2）加入粳米继续熬煮至烂，加入白糖即可。

青豆小麦粥

【原料】

小麦、青小豆各 30～50 克，通草 3～5 克，冰糖适量。

【制作方法】

（1）先以 500 毫升清水煮通草，去渣后再加入洗净的青小豆和麦粒。

（2）共煮成粥，粥熟后调入冰糖即可。

玉米须

【原料】

玉米须 30～50 克，车前子 10～20 克，生甘草 5～10 克，冰糖适量。

【制作方法】

（1）将车前子用纱布包好，与玉米须、生甘草一起置砂锅内。

（2）用500毫升清水煎取汁液200～400毫升，调入冰糖即可。

薏米粳米粥

【原料】

薏苡仁15～30克，粳米30～50克，白糖适量。

【制作方法】

（1）将薏苡仁、粳米分别淘洗干净，放入锅中。

（2）用清水煮为粥，待粥成后加白糖调味即可。

桑葚葡萄粥

【原料】

桑葚、葡萄干各10～15克，薏苡仁15～30克，大米30～50克，白糖适量。

【制作方法】

（1）先将大米淘净，加水适量煮沸。

（2）调入桑葚、薏苡仁、葡萄干共煮成粥，待粥成后加白糖调味即可。

氽三文鱼片

【原料】

三文鱼肉25克，湿木耳1朵，葱姜末、淀粉、盐少许，水1杯，油1/3勺。

【制作方法】

（1）将三文鱼肉切成薄片，用淀粉浆一浆。

（2）将湿木耳切成碎片。

（3）将油加热后，倒入葱姜末，炒香后加水煮沸。

（4）再倒入浆好的鱼肉片和木耳煮熟，最后加盐调味。

炒菠菜碎

【原料】

菠菜 1 棵，油适量，盐、蒜末少许。

【制作方法】

（1）将菠菜洗净切碎。

（2）将油适量倒入炒锅，油热后加蒜末，炒香后，倒入菠菜迅速翻炒。

胡萝卜汁

【原料】

鲜胡萝卜 100 克，白糖、精盐各适量。

【制作方法】

（1）将胡萝卜洗净，用消毒过的软布抹干，削去皮后，切成极细的丝，然后将 100 克水煮沸，倒入胡萝卜丝，加少许精盐，盖好锅盖，煮 5 ~6 分钟。

（2）为防止其中的维生素 C 被氧化破坏，离火后再焖 10 分钟，待冷却后滤去胡萝卜渣，留汁，加糖适量即可。

营养功效

含有极丰富的维生素 A，还含有丰富的维生素 B_1、维生素 B_2、维生素 C、烟酸及铁、钙、磷、钾、钠等营养素。具有吸附细菌和毒素的作用，对患有消化不良、腹泻、痢疾的婴儿尤为适宜。

苹果草莓粥

【原料】

苹果 1 个，草莓 1 个，大米 30 克，蜜糖或葡萄糖适量。

【制作方法】

（1）将苹果去皮去心，洗净切片；煮前浸于水中，以免变锈色。

（2）草莓洗净切片。大米洗净，加入约60克水浸泡0.5小时后，倒入煲内煲滚，再用慢火煲10分钟。

（3）加入水果煮至水果熟，约需5分钟，熄火待冷。把煲内的米、水及水果放入搅拌机内搅烂，再倒回煲内继续煮成糊状，加入适量的蜜糖或葡萄糖。

（4）待温度适合时，便可喂食。

鲜桃麦片粥

【原料】

麦片100克，牛奶50克，鲜桃50克，白糖适量。

【制作方法】

（1）将鲜桃洗净切碎；将麦片用适量水泡软。

（2）将泡好的麦片连水倒入锅内，置火上烧开，煮2～3分钟后，加入牛奶。

（3）煮5～6分钟，待麦片软烂、稀稠适度时，加入切碎的鲜桃、白糖，稍煮一下，盛入碗内即可。

米粉粥

【原料】

牛奶250克，米粉60克，水果、蜂蜜、黄油、精盐各适量。

【制作方法】

（1）将牛奶、精盐放入一小锅内，待牛奶刚要开时放入米粉，边放边搅。

（2）然后把火关小，盖上锅盖，用小火煮8～10分钟。吃时加入黄油、蜂蜜、水果或婴儿喜欢吃的其他食品。

（3）此粥的制作关键是，米粉下锅要边煮边搅拌，防止糊锅。注意一定要用小火煮。

蛋黄糯米粥

【原料】

糯米50克，蛋黄1只。

【制作方法】

（1）将糯米淘洗干净，放入锅内，加入500克水，用大火煮沸后改小火煮至微稠。

（2）蛋黄放入碗内，碾碎后加入粥锅内，同煮几分钟即可。

菠萝汁

【原料】

菠萝肉100克，白糖20克，精盐5克，凉开水25克。

【制作方法】

（1）将菠萝去皮，取其果肉切片，用淡盐水浸泡4～6小时。

（2）将菠萝片取出，榨取汁，用凉开水搅匀，加入白糖即可。

赤白二豆沙

【原料】

赤小豆、白扁豆各15～30克，红糖适量。

【制作方法】

（1）将赤小豆、白扁豆洗干净，放入锅中。

（2）加适量清水煮熟后，取出压碎调入红糖拌匀即可。

虾米菜花

【原料】

菜花30克，虾10克，白酱油、精盐各适量。

【制作方法】

（1）将菜花洗净，掰成小块，放入开水锅中煮软后切碎。

（2）把虾洗净，放入开水中煮后剥去皮，切碎，加入白酱油、精盐煮，使其具有淡咸味，煮熟烂后倒在菜花上即可喂食。

营养功效

菜花含有蛋白质、脂肪、糖及较丰富的钙、磷、铁和较多的维生素A、维生素

B、维生素C等，尤以维生素C的含量为多，每100克中约含有88毫克，是同量大白菜含量的4倍，番茄含量的8倍，芹菜含量的15倍，苹果含量的20倍。足够的维生素C被人体摄入后，不但能够增强肝脏解毒能力，促进生长发育，而且能提高肌体免疫力，能够防止感冒、坏血病的发生，还可以补充大脑所需的磷质。菜花与虾米同用，营养更加丰富，保健功效更强。此菜适宜婴儿食用。

煎西红柿

【原料】

西红柿半个，面包粉、熟芹菜末和色拉油各少许。

【制作方法】

（1）将面包粉放入平底锅内，炒成焦黄色；用开水把西红柿烫一下，剥去皮，切成薄片。

（2）放色拉油于平底锅内烧热，放入西红柿煎5分钟左右，盛入小盘内，撒上面包粉、芹菜末即成。

面包干

【原料】

面包（或馒头）适量。

【制作方法】

（1）将面包切成1厘米厚的薄片。

（2）将面包片放在烤盘上，入炉烘烤，烤至金黄色，即可出炉，冷却后食用。

冰糖莲子梨

【原料】

梨半个，冰糖少许，莲子4粒。

【制作方法】

（1）把洗净的梨去皮去核切成小方块，放到小碗里。

（2）加少许冰糖和莲子混合一起上火蒸至冰糖溶化后即可食用。

奶油鸡肉豆腐

【原料】

豆腐50克，鸡肉25克，胡萝卜、香菇、葱头各15克，扁豆适量，牛奶150毫升，鸡汤100毫升。

【制作方法】

(1) 把豆腐放入开水中氽一下捞出研碎，将洗净的扁豆倒入开水锅里煮熟捞出切碎。

(2) 将葱头、胡萝卜、香菇、鸡肉加工成末后放入锅里加鸡汤上火煮熟，再把扁豆末、豆腐、牛奶一起倒入锅里搅拌均匀煮开即可出锅。

山药香菇肉丸

【原料】

鲜山药150～200克，香菇15～30克，半肥半瘦猪肉200～300克，姜末、菊花、精盐、味精、淀粉、胡椒粉、蛋清、香油、花生油各适量。

【制作方法】

(1) 将鲜山药洗净，去皮，煮熟，剁细；猪肉去筋，剁馅；香菇洗净，剁成细丝。

(2) 将诸味混合，一起加入姜末、菊花、精盐，与肉馅拌匀后，再剁成泥状，加入味精、淀粉、胡椒粉、香油、蛋清、山药粉，拌匀待用。

(3) 将花生油入锅烧至六七成热时，将肉馅做成肉丸子，下锅，炸成金黄色时捞起，或加骨头汤略煮，调味即可，待温服食。

黄龙羊肉汤

【原料】

黄芪10～20克，龙眼肉、生姜各30～50克，羊肉100～150克，红枣3～6颗，精盐、味精各适量。

【制作方法】

(1) 将羊肉、生姜分别洗净，切片，与黄芪、龙眼肉、红枣一同放入锅中。

(2) 加清水适量炖至烂熟后，加精盐、味精调味即可，待温服食。

鸡汤煮饺子

【原料】

小饺子皮5个，鸡肉末15克，切碎的洋白菜15克，芹菜末5克，炒熟搅碎的鸡蛋10克，鸡汤、酱油各适量。

【制作方法】

（1）将鸡肉末放入碗内，加少许酱油拌匀，再加入洋白菜末、鸡蛋末拌匀成馅，包成饺子。

（2）锅置火上，放入鸡汤，烧开后下入饺子煮熟，撒入芹菜末，加入少许酱油，使其具有淡淡的咸味即成。

营养功效

此饺子含有丰富的蛋白质、碳水化合物、钙、磷、铁、锌及维生素A、维生素B_1、维生素B_2、维生素C、维生素D、维生素E等多种营养素，能促进婴儿生长发育，健康地成长。

黄芪当归炖猪心

【原料】

黄芪20～30克，当归5～10克，红枣3～6颗，猪心1个，精盐适量。

【制作方法】

（1）将猪心洗净，切碎，与诸药一同放入锅中，加清水适量。

（2）一同炖熟后，加精盐调味即可，待温服食。

菠菜猪肝汤

【原料】

鲜菠菜150～200克，猪肝60～100克，植物油10～15毫升，精盐少许。

【制作方法】

（1）将菠菜择洗干净，切碎。

（2）猪肝洗净，切成小薄片，用植物油、精盐拌匀，备用。锅中加清水约500毫升，煮沸后加入菠菜及猪肝，煮至猪肝熟后即可，待温服食。

黄明胶红枣粥

【原料】

黄明胶3～5克，熟地黄5～10克，红枣3～6颗，糯米50～100克，红糖适量。

【制作方法】

（1）先将阿胶烊化。

（2）熟地黄、红枣水煎取汁，加入适量清水与糯米一同煮为稀粥，待粥熟时调入黄明胶、红糖，再煮一二沸即可，待温服食。

猪血粥

【原料】

猪血80～100克，生姜5～8克，红枣3～6颗，糯米50～100克，精盐适量。

【制作方法】

（1）先将猪血切块备用。

（2）再将生姜切丝，红枣去核，加入适量清水与糯米一同煮为稀粥，待粥熟后放入猪血、精盐调味，再煮一二沸即可，待温服食。

萝卜鸡

【原料】

鸡肉末50克，白萝卜100克，海米10粒，盐、白糖各少许。

【制作方法】

（1）萝卜切薄片，焯后控去水分。

（2）海米入汤煮开，放少许盐和白糖，把鸡肉末、萝卜片入锅，边煮边用筷子搅拌至熟透。

宝宝四喜丸子

【原料】

肉馅100克，鸡蛋1个。

【制作方法】

（1）将肉馅放入盆内，加入鸡蛋、葱姜末少许，加入精盐、香油、清水各少许，用手搅至上劲，待有黏性时，把馅挤成15个丸子待用。

（2）将鸡蛋、水淀粉调成较稠的蛋粉糊；将丸子放入小碗内，浇点高汤，加入精盐、料酒、葱姜末，调好味，上笼蒸15分钟即成。

鸡肝肉饼

【原料】

豆腐20克，猪肉100克，鸡肝1个，鸡蛋白1个。

【制作方法】

（1）豆腐放入滚水中煮2分钟，捞起沥干水，片去外衣不要，豆腐搓成蓉。

（2）鸡肝洗净，抹干水剁细，猪肉洗净，抹干水剁细。

（3）猪肉、鸡肝、豆腐同盛大碗内，加入鸡蛋白拌匀，加入调味拌匀，放在碟上，做成圆饼形，蒸7分钟至熟。

银菊葛根粥

【原料】

金银花、菊花各15~30克，葛根10~15克，粳米20~30克。

【制作方法】

（1）先将金银花、菊花、葛根分别择洗干净

（2）加适量清水煎煮，去渣取汁，再与粳米一同煮粥，待粥熟时加入冰糖适量调味即可，待温服食。

川贝百合汤

【原料】

川贝母5~10克，百合10~15克，荸荠、大鸭梨各30~50克，冰糖适量。

【制作方法】

（1）将荸荠洗净、去皮切碎，大鸭梨去皮、核，洗净、切片。

（2）与川贝母、百合、冰糖同放锅中，加清水适量煮沸20分钟即成，待温服食。

胡萝卜香菇饮

【原料】

胡萝卜30～50克，香菇5～10克，葱花、芫荽、精盐、味精各适量。

【制作方法】

（1）将胡萝卜、香菇洗净，切丁，放入锅中，加清水适量煮沸。

（2）加入葱花、芫荽、精盐、味精调味即可，待温服食。

麦冬粥

【原料】

麦冬10～15克，大米30～60克。

【制作方法】

（1）先将麦冬水煎取汁，再将大米煮成半熟时，加入麦冬汁一同煮为稀粥

（2）调入冰糖即可，待温服食。

花样鸡蛋

【原料】

鸡蛋1个，蛋黄酱1小匙，切碎的芹菜少许。

【制作方法】

（1）将鸡蛋放入锅内加入适量的水煮，开锅后煮10分钟左右。

（2）煮熟后剥去蛋皮并切成两半。

（3）将蛋黄取出与蛋黄酱混合后填入蛋清凹窝内，最后撒上少许芹菜末。

营养功效

鸡蛋的蛋白质是优质蛋白质，鸡蛋黄含有丰富的卵磷脂、甘油三酯、胆固醇和卵黄素，对神经的发育有重要作用，有增强记忆力、健脑益智的功效。

葛根升麻粥

【原料】

葛根5~10克，升麻3~6克，大米50~100克，白糖适量。

【制作方法】

（1）将葛根、升麻择净。升麻放入锅中，加清水适量，水煎取汁。葛根碾成粉待用。

（2）先将升麻水煎取汁，与大米同煮为粥，再取葛粉适量调入粥中煮熟，再加白糖煮一二沸即成，待温服食。

牛奶蛋

【原料】

鸡蛋1个，牛奶、白糖各适量。

【制作方法】

（1）把1个鸡蛋的蛋白与蛋黄分开，将蛋白打至起泡后待用。

（2）锅内加入牛奶、蛋黄和白糖，混合均匀，用文火煮片刻。用小勺将起泡泡的蛋白一勺一勺地加入牛奶蛋黄锅中，稍煮即成。

鱼蛋饼

【原料】

鱼肉20克，葱头10克，黄油6克，鸡蛋半个，番茄沙司适量。

【制作方法】

（1）将葱头切成碎末；鱼肉煮熟，放入碗内研碎。

（2）将鸡蛋半个磕入碗内，加入鱼泥、葱头末调拌均匀成馅。

（3）把黄油放入平底锅内溶化，把馅团成小圆饼，放入油锅内煎炸，煎好后把番茄沙司浇在上面即成。

苹果沙拉

【原料】

苹果 20 克，橘子 2 瓣，猕猴桃肉 5 克，葡萄干 5 克，酸奶酪 15 克，蜂蜜 5 克。

【制作方法】

（1）将苹果洗净，去皮切碎；橘瓣去皮及核，切碎；葡萄干用温水泡软后切碎；猕猴桃切碎。

（2）将切碎的苹果、橘子、葡萄干、猕猴桃放入小碗内，加入酸奶酪、蜂蜜拌匀即成。

西瓜酸奶

【原料】

去籽的西瓜瓤 500 克，牛奶或水果汁 250 克，酸奶 500 克。

【制作方法】

（1）将西瓜瓤和牛奶或水果汁一同放在食品搅拌机中。

（2）搅拌 10 秒钟，加入酸奶，再搅拌 10 秒钟。

什锦猪肉菜末

【原料】

猪肉 25 克，番茄、胡萝卜、葱头、柿子椒各 10 克，精盐、肉汤各适量。

【制作方法】

（1）将猪肉、番茄、胡萝卜、葱头、柿子椒分别切成碎末，将肉末、胡萝卜末、柿子椒末、葱头末一起放入锅内，加肉汤煮软，再加入番茄末略煮。

（2）加入少许精盐，使其有淡淡的咸味。在制作中要注意的是：尽可能用新鲜蔬菜。因为新鲜蔬菜最富有营养，味美且经济；要将所用原料全部切碎、煮软，才能给婴儿喂食。

红薯泥粥

【原料】

鲜红薯 50 克，大米 50 克，白糖适量。

【制作方法】

（1）将红薯洗净，去皮切碎捣烂；大米洗净后放入水中浸泡片刻备用。

（2）把红薯、大米一同放入锅内，加适量水，盖上锅盖，煮开后变小火煮至烂熟，加入白糖少许，稍煮即可喂食。

西红柿特色饭卷

【原料】

软米饭 1 碗（孩子用碗），切碎的胡萝卜、葱头各 2 小匙，西红柿酱 2 小匙，鸡蛋 1/2 个，色拉油少许。

【制作方法】

（1）将鸡蛋调匀后放平底锅内摊成薄片。

（2）将切碎的胡萝卜和葱头用色拉油炒软，再加入米饭和西红柿酱拌匀。

（3）将混合的米饭平摊在煎蛋片上，然后卷成卷儿，切成小卷子状。

营养功效

西红柿含有丰富的胡萝卜素、维生素 B 和维生素 C,尤其是维生素 P 的含量居蔬菜之冠。大米主要营养成分是碳水化合物和蛋白质,其他营养成分还有糖类、钙、磷、铁、葡萄糖、果糖、麦芽糖、维生素 B_1、维生素 B_2 等,这些都是人体必需的营养素。

奶油粥

【原料】

米粉 50 克，牛奶 200 克，蛋黄 1 个，蜂蜜 50 克。

【制作方法】

（1）将蛋黄打散加入牛奶中混匀，倒入锅中。

（2）煮沸后加入用少量冷水调开的米粉，边煮边搅拌，煮至黏稠状离火，加入蜂蜜拌匀即可。

青菜粥

【原料】

大米 50 克，青菜 30 克，精盐适量。

【制作方法】

（1）将青菜叶洗净，放开水锅内焯水，捞出切碎备用。将大米洗净，用水浸泡 1～2 小时。

（2）加 300 克水煮 30～40 分钟，熄火之前加入精盐及切碎的青菜煮 1 分钟即可。也可用菠菜、油菜、小白菜的叶替代青菜。

豆腐烩饭

【原料】

大米 50 克，豆腐 30 克，菠菜 25 克，排骨汤适量。

【制作方法】

（1）洗干净大米，放入碗中加入适量水，用笼屉蒸成软饭。

（2）把豆腐在开水中氽一下捞出，控去水分后切成碎末，择洗净菠菜，控去水分，切成碎末。

（3）将软饭放入锅中，加适量排骨汤一起煮烂后，放入豆腐和菠菜末，再煮 3 分钟左右即可。

桂花甜藕粥

【原料】

糯米 250 克，嫩藕 1 节，桂花酱少许。

【制作方法】

（1）将藕成浆，去渣为汁。

（2）藕汁和糯米加水煮，煮熟加入桂花酱。

番茄鱼

【原料】

鱼肉 100 克，西红柿 50 克，胡萝卜 20 克，扁豆 25 克，植物油少许。

【制作方法】

（1）把收拾干净的鱼切成小段，控去水分。

（2）置炒锅于火上加油烧热，待油热时把鱼段放入锅里煎炸至两面呈黄色出锅。

（3）将西红柿、胡萝卜、扁豆择洗干净切成小丁，放入锅里倒入植物油煸炒一会儿，再加入适量的水，煮开锅后把煎好的鱼段放入锅里用文火炖一会儿入味即可食用。

腊肠西红柿

【原料】

西红柿 30 克，腊肠 15 克，肉汤适量。

【制作方法】

（1）将西红柿用热水烫一下后剥去皮，去籽切碎，把腊肠也切碎备用。

（2）锅置火上，放入肉汤、西红柿和腊肠，边煮边搅拌，用勺子将锅内食物研成糊状，加适量盐即可食用。

芝麻萝卜

【原料】

切碎的白萝卜 2 大匙、胡萝卜 1 大匙，芝麻 1/2 小匙，海味汤 1/2 杯，豆腐少许。

【制作方法】

将白萝卜和胡萝卜切碎放入锅内加入海味汤上火煮，煮至萝卜变软后加入芝麻和豆腐，煮片刻即可。

营养功效

萝卜含丰富的维生素 C 和微量元素锌，有助于增强机体的免疫功能，提高抗病能力，萝卜中的芥子油能促进胃肠蠕动，增加食欲，帮助消化。芝麻有较好的健脑效果。

白薯香蕉

【原料】

适量白薯，香蕉半根，熟蛋黄半个，蜂蜜10克。

【制作方法】

（1）把白薯洗干净去皮，放入锅内煮软研碎，洗净香蕉剥皮，放入小碗里用勺研碎。

（2）把研碎的白薯、香蕉一起放入碗里，加入鸡蛋黄和少许蜂蜜拌匀。

木耳饭

【原料】

大米100克，干木耳3个，海味汤、白糖、酱油、胡萝卜末各适量。

【制作方法】

（1）把用温水泡发的木耳冲洗干净切成小块，放入锅内加入海味汤煮，开锅后再放入胡萝卜末，加少许白糖和酱油拌匀煮熟出锅。

（2）淘干净的大米加适量水上火煮开，改用文火焖饭，快熟时把木耳加到米饭里拌匀，继续焖入味即可。

猪肉饼

【原料】

猪肉末50克，研碎葱头10克，面包粉适量，调好的鸡蛋1个，芹菜末25克，番茄酱油和植物油适量。

【制作方法】

（1）先把研碎的葱头与面包粉和调好的鸡蛋、猪肉末一起混合均匀，做成小饼。将平锅置火上烧热加少许植物油，放入小饼煎炸至两面呈黄色，出锅放在盘子里备用。

（2）置炒锅于火上加热，倒入少许植物油，把番茄酱、芹菜末放入锅内煸炒片刻，加少许白糖和水加热，煮至呈黏稠状倒在小饼上即成。

青叶薄荷粥

【原料】

大青叶、葛根各 5~10 克，薄荷 3~5 克，升麻 3~6 克，大米 30~50 克，白糖适量。

【制作方法】

（1）将大青叶、薄荷、升麻、葛根洗净，放入锅中，加清水适量煎煮，去渣取汁。

（2）加大米煮粥，待熟时调入白糖。再煮一二沸即成，待温服食。

紫草白术饮

【原料】

紫草 10~20 克，白术 6~9 克，甘草 5~10 克，冰糖少许。

【制作方法】

（1）将紫草、白术、甘草分别择洗干净。

（2）加清水适量煎煮成汤，调入冰糖即可。

胡萝卜菠菜鸡汤

【原料】

鸡汤 250 克，胡萝卜 125 克，菠菜 125 克，葱 1 根，炼乳或牛奶 15 克，植物油 5 克。

【制作方法】

（1）胡萝卜、菠菜与葱均洗净后切成块，置食品粉碎机中制成泥。

（2）锅中加植物油烧热后，将菜泥炒熟，加入鸡汤，烧沸后加盖，小火炖 8~10 分钟，加入炼乳搅匀，趁热食用。

百合蜜

【原料】

百合 60 克，蜂蜜 30 克。

【制作方法】

（1）将百合洗净晾干，与蜂蜜拌匀，放入瓷碗中。

（2）置沸水锅中隔水蒸熟即成。

营养功效

百合含淀粉、蛋白质、脂肪、多种生物碱、钙、磷、铁等成分，有止咳作用。百合与蜂蜜共用，其润肺止咳作用更强。此品对治疗婴儿慢性支气管炎、咽干燥咳嗽，特别是入秋之后的咳嗽伴有便秘者更宜。

奶油热丸汤

【原料】

净鱼肉100克，鸡蛋1/3个，豌豆苗少许，面粉1匙半，牛奶150克，奶油1匙，奶粉1匙。精盐适量。

【制作方法】

（1）在热锅中将奶油融化，加入面粉炒片刻，再加入牛奶，搅拌成糊状，即成白色浆汁。

（2）鱼肉用刀切碎，加入打散的鸡蛋，做成小丸子。在锅中放250克水，煮沸后放入小丸子，加入精盐调味，随后加入白色浆汁及切成末的豌豆苗，煮至豌豆苗熟软即可。

南瓜橘汁汤

【原料】

南瓜泥250克，酸奶125克，橘子汁60克，橘子肉5克，不加其他配料。

【制作方法】

（1）将橘子汁加入南瓜泥中，用小火略加热，调整好浓稠度，盛入碗中。

（2）加入橘子肉和酸奶即可。

肉末豆腐羹

【原料】

豆腐半块，肉末125克，鸡汤125克，湿淀粉15克，植物油15克，麻油少许，小葱1根，精盐适量。

【制作方法】

（1）豆腐切成丁，葱切末。锅内放植物油，烧热后加入肉末。

（2）炒熟后放入葱花，炒出香味，加入鸡汤、豆腐丁和精盐，煮沸后小火炖3分钟，用湿淀粉勾芡，淋入麻油即成。

菜泥

【原料】

土豆（红薯、南瓜、胡萝卜均可）100克，花生油、花椒粉各适量。

【制作方法】

（1）将土豆去皮洗净，切成小块，放入锅内，加入适量的水煮烂，用汤匙捣成泥状。

（2）将炒锅放在火上，放入花生油，热后放入花椒粉稍炸，加入酱油，把土豆泥放入，加入精盐不断地翻炒，使其吃透咸味即成。

雪梨炖冰糖

【原料】

雪梨1~2个，冰糖30~60克。

【制作方法】

（1）将雪梨去皮去核，与冰糖同放在瓷碗内。

（2）锅置火上，将瓷碗放在屉内，炖至冰糖溶化即成。

营养功效

梨润肺清热、生津止渴，与冰糖同用，增强润肺止咳作用。可治疗肺燥咳嗽，干咳无痰，唇干咽干等症。咳嗽有痰者不宜用。